玉米品质分析与检验实验

主 编 郭 丽

哈尔滨工程大学出版社
Harbin Engineering University Press

内容简介

本书主要介绍优质蛋白玉米、高淀粉玉米、高油玉米、甜玉米、糯玉米、紫玉米、爆裂玉米、鲜食玉米等代表性玉米品种的特征组成成分、品质变化及关键指标检测的标准方法。本书可满足玉米品质检验理论课程与实践课程的项目化教学要求,较为系统地将玉米各项品质检验的全面性与特色玉米种类检验的针对性有机结合,从而帮助相关专业学生及从业人员深入认识、理解、掌握玉米品质分析与检验方法。

本书是高等院校食品分析与检验课程面向玉米产业应用的专门教材,适用于食品科学与工程、食品质量与安全、粮食工程、农学等玉米产业相关专业教学,也可作为玉米产品研发类大学生创新创业实践指导和企业人员技术培训用书。

图书在版编目(CIP)数据

玉米品质分析与检验实验 / 郭丽主编.—哈尔滨：哈尔滨工程大学出版社, 2022.7
ISBN 978 - 7 - 5661 - 3537 - 7

Ⅰ. ①玉… Ⅱ. ①郭… Ⅲ. ①玉米 - 食品检验 Ⅳ. ①TS213.4

中国版本图书馆 CIP 数据核字(2022)第 103032 号

玉米品质分析与检验实验
YUMI PINZHI FENXI YU JIANYAN SHIYAN

选题策划	刘凯元
责任编辑	刘凯元
封面设计	李海波

出版发行	哈尔滨工程大学出版社
社　　址	哈尔滨市南岗区南通大街 145 号
邮政编码	150001
发行电话	0451 - 82519328
传　　真	0451 - 82519699
经　　销	新华书店
印　　刷	哈尔滨午阳印刷有限公司
开　　本	787 mm ×960 mm　1/16
印　　张	9
字　　数	162 千字
版　　次	2022 年 7 月第 1 版
印　　次	2022 年 7 月第 1 次印刷
定　　价	40.00 元

http://www.hrbeupress.com
E-mail:heupress@ hrbeu.edu.cn

前　言

黑龙江省在"粮头食尾""农头工尾"重点产业项目建设方面,力争将农业和农产品加工业打造成第一支柱产业和万亿级产业集群。千亿级玉米加工产业作为黑龙江省"百千万"工程中15个重点产业链条之一,发展目标明确,玉米原料与制品检验检测任务要求凸显。绥化市是全球氨基酸、有机酸和维生素的重要生产基地,玉米加工企业检验检测岗位的人员需求量较多,其技术素养要求较高。绥化学院等地方本科院校应用型人才培养与玉米产业人才需求高度契合,并向企业输送大量专业技术人才。2019年7月,绥化学院成立现代玉米产业学院,以食品科学与工程、制药工程、食品质量与安全、农学、化学、化学工程与工艺等专业为主体构建学科专业集群,通过"5+3"校企合作培养,组建"玉米产业卓越人才班"等融入玉米产业发展,其中检验检测课程模块是玉米产业人才培养的核心要素。

本书系统阐述了优质蛋白玉米、高淀粉玉米、高油玉米、甜玉米、糯玉米、紫玉米、爆裂玉米、鲜食玉米等多品类玉米代表性指标的分析与检验理论知识及标准技术,能够满足相关高等院校和行业企业检验新技术、新技能的提升需求,支持教产研合作创建标准化的检验检测培训,有利于逐步构建校企研"教训一体"的品牌项目。在本书编写过程中,绥化学院教务处予以大力支持与资助,新和成科技何琦阳博士给予了精心指导,食品教研室王鹏、柴云雷和张晟等教师提供了帮助,在此表示由衷的感谢。

国内外相关人员正在积极探索玉米品质分析与检验的新技术、新方法,还需要更多的专业人士参与其中进行研究。本书存在的不足之处,敬请各位读者批评指正。衷心期待现代玉米产业学院在产教融合校企合作育人、学科专业群建设及检验检测课程群建设等方面,取得更丰硕的产学研合作成果。

本书由绥化学院2021年度校本实践教材项目(XBJC202101)、黑龙江省高等教育教学改革项目"校企技术合作提升现代产业学院人才培养质量的研究与实践"(J1SJ2110142)资助出版。

郭　丽

2022年3月

目　　录

第一章 优质蛋白玉米品质分析与检验

第一节 优质蛋白玉米的品质要求

一、玉米概况

玉米是重要的粮食作物,也是黑龙江省栽种面积最大和产量最高的作物,在全国乃至世界的粮食生产中占有很重要的地位。2020 年黑龙江省玉米栽种面积达 9 000 万亩①以上,总产量约 1 000 亿斤②。据 2020 年全国粮食种植面积和产量统计数据,玉米播种面积为 41 264 千公顷③,总产量为 26 067 万吨,单位面积产量为 6 317 千克/公顷,播种面积和总产量均高于稻谷和小麦,位居粮食首位,在国民经济和人民生活中具有非常重要的地位(见表 1 – 1,数据来源于国家统计局)。从世界玉米总产量来看,我国位居世界第二位。当前,玉米人均占有量被作为评价一个国家人民生活水平和畜牧业发展的重要标志之一。

综合玉米的市场需求和发展前景,用于饲料的玉米量较大,约占全世界玉米总量的 75% ,用作人口粮食或食品加工的玉米量约占全世界玉米总量的 15% ,玉米工业的需求约占 10% 。可见,我们不仅要提高玉米产量,还要提高玉米品质,根据玉米的不同用途,采用不同的路径推进高产优质玉米产出。

---

① 1 亩 = 666. 67 m^2。

② 1 斤 = 0. 5 kg。

③ 1 公顷 = 1. 0 × 10^4 m^2。

表 1 – 1　2020 年全国粮食播种面积、总产量及单位面积产量情况

	播种面积/千公顷	总产量/万吨	单位面积产量/千克·公顷$^{-1}$
全年粮食	116 768	66 949	5 734
一、分季节			
1. 夏粮	26 172	14 286	5 458
2. 早稻	4 751	2 729	5 745
3. 秋粮	85 845	49 934	5 817
二、分品种			
1. 谷物	97 964	61 674	6 296
其中:稻谷	30 076	21 186	7 044
小麦	23 380	13 425	5 742
玉米	41 264	26 067	6 317
2. 豆类	11 593	2 288	1 973
3. 薯类	7 210	2 987	4 143

注:1. 根据甘肃、宁夏、新疆等部分地区小麦实际产量对全国粮数据进行了修正。

　　2. 表中部分数据因四舍五入,全年数据与分项数合计略有不同。

二、玉米蛋白质及赖氨酸的分布

　　玉米籽粒的蛋白质组成中,不同部位蛋白质含量有所不同。玉米籽粒中蛋白质含量为 10.3%,胚乳中蛋白质含量为 9.4%,胚部蛋白质含量为 18.8%。蛋白质组分在玉米籽粒的各部位也有不同体现。玉米胚部的蛋白质组成主要为 54.0% 的谷蛋白,5.7% 的醇溶蛋白,谷蛋白与醇溶蛋白含量比为 9.47;胚乳蛋白质组成主要为 3.2% 的水溶性白蛋白类,1.5% 的盐溶性球蛋白类,47.2% 的乙醇溶蛋白类,35.1% 的碱溶性谷蛋白类,其中谷蛋白与醇溶蛋白含量比为 0.744,胚部蛋白质比胚乳蛋白质的品质高。普通玉米籽粒的蛋白质中,醇溶蛋白含量所占比例最大,为 55.1%;其次为谷蛋白,为 31.8%;白蛋白、球蛋白分别为 3.8% 和 2.0%;其他蛋白为 7.3%。

　　可根据蛋白质组分在溶剂中溶解性的差异,依次用蒸馏水、稀盐、乙醇、稀碱分别提取玉米中白蛋白、球蛋白、醇溶蛋白和谷蛋白,分别收集提取液,用以对蛋白质组分含量进行测定。

　　赖氨酸含量在各蛋白组分中的差异较大,赖氨酸含量占醇溶蛋白的 0.3%,占

谷蛋白的 3.6%，谷蛋白和醇溶蛋白的比值同时也反映了赖氨酸水平的高低，进而可判断蛋白质品质的优劣。普通玉米因其醇溶蛋白比例大，赖氨酸含量低，蛋白质品质相对较低劣。胚和胚乳蛋白质氨基酸组分也有所差别，所含机体所必需的赖氨酸和色氨酸的含量也有所不同。胚蛋白质中赖氨酸和色氨酸含量分别为 6.1% 和 1.3%，而在胚乳蛋白中二者含量较少，赖氨酸含量为 2.0%，色氨酸含量为 0.5%。从营养价值的角度看，胚蛋白的营养价值明显优于胚乳蛋白。各类蛋白质占蛋白总量的比例，包括其中不同氨基酸的组成对玉米蛋白质的品质均可产生影响。玉米胚蛋白质中，各类蛋白质组成比例比较稳定，没有很大变化。在胚乳蛋白质中，生物学价值较高的白蛋白与球蛋白含量比较稳定，醇溶蛋白和谷蛋白含量有很大变化，尤其是在各类玉米胚乳突变体中尤为明显。

三、高蛋白玉米与优质蛋白玉米

（一）高蛋白玉米

产品相对于使用目的的适合性即为品质。玉米籽粒品质具有复杂的综合性状，玉米籽粒的营养、加工、食用、商品及安全等品质被定义为广义的品质，而对于营养品质而言仅为狭义的品质。玉米籽粒营养品质被泛指为玉米籽粒中营养成分含量的数量，包括蛋白质、赖氨酸、色氨酸、淀粉、脂肪、膳食纤维等营养成分含量，以及营养成分对人畜所具有的营养价值的体现。玉米籽粒中营养成分含量及其质量的提高，在玉米籽粒食用、饲用和加工利用价值等方面均具有非常重要的意义。当前的专用玉米和特用玉米，实际上就是普通玉米通过遗传改良后获得的，这类玉米中通常某种营养成分含量较高，例如蛋白质含量大于 13% 的高蛋白玉米，以及通过传统的杂交育种方法，培育出的粗蛋白可达 17.0% 的佛洛利 – 2（floury – 2 或 fl – 2）高蛋白玉米。高赖氨酸玉米，是指赖氨酸含量大于 0.4% 的玉米。这类玉米特殊之处在于其某种营养物质含量较高，有利于实现某些用途，除此之外，它们与常规大面积种植的玉米并无较大区别。玉米品质形成是由遗传因素和非遗传因素两方面决定的。遗传因素是指决定玉米品种特性的遗传方式和遗传特征；非遗传因素则是指除了遗传因素以外的一切因素。

（二）优质蛋白玉米（高赖氨酸玉米）

赖氨酸是人体所必需的氨基酸。赖氨酸含量是衡量玉米籽粒及蛋白质品质的主要指标，赖氨酸含量高则品质好，相反则品质低劣。优质蛋白玉米（quality protein maize，QPM），也称为高赖氨酸玉米，它含有奥帕克 – 2（opaque – 2 或 o2）基因及胚乳修饰基因,是在玉米籽粒蛋白质组分中,赖氨酸含量大于 0.4% ,胚乳硬度度大于 2.0 级的特殊玉米类型。玉米隐性突变基因 opaque-2 是优质蛋白玉米良好的基因资源,可通过隐性突变基因 opaque-2 及其与修饰基因的互作效应,减少醇溶蛋白的合成量,提高赖氨酸含量,达到改善氨基酸组成的目的。与普通玉米相比,优质蛋白玉米的赖氨酸及色氨酸含量均有非常明显的提高,约提高了 80% 左右;籽粒胚乳蛋白中的醇溶蛋白的含量也发生了明显的变化,由普通玉米的55.1% 降到 22.9% ,赖氨酸的含量提高了约 69% 。

(三)高蛋白玉米与优质蛋白玉米的区别

高蛋白玉米是指籽粒中蛋白质含量较高的玉米,但是蛋白质含量高的玉米并不一定是优质蛋白玉米,二者的差别在于:通常玉米籽粒的蛋白质含量约为 10% ,但其中所含的醇溶蛋白比例较大,胚乳中醇溶蛋白占粗蛋白总量的 50% ~60% ,这种蛋白所含的第一限制性氨基酸赖氨酸和另一种重要的氨基酸色氨酸很低,不能被人和其他单胃动物很好地吸收和利用。

经过多年的选择,人们已获得高蛋白玉米自交系,其粗蛋白含量在 19.5% ~25.2% ,已选育出粗蛋白含量为 15% 的玉米杂交种。但由于高蛋白玉米所增加的蛋白质主要是醇溶蛋白,从营养学观点看,玉米蛋白的品质比较差。高赖氨酸玉米是指玉米全籽粒赖氨酸含量大于或等于 0.4% ,籽粒胚乳蛋白中醇溶蛋白含量下降,而谷蛋白含量增加。由此可见,高蛋白玉米未必是优质蛋白玉米。

优质蛋白玉米,有目的地降低醇溶蛋白的含量,将赖氨酸、色氨酸等限制性氨基酸的含量提高,改善玉米籽粒中蛋白质的组分,可进一步提高蛋白质的吸收利用率。因此,优质蛋白玉米中粗蛋白含量不一定很高,优质蛋白玉米也并不一定是高蛋白玉米。当前国内外市场需求对高蛋白玉米提出了更高的要求,同时也是未来的重要发展方向,即提高高蛋白玉米的营养价值,改善蛋白质的品质。伴随着科学技术的进步和发展,将高蛋白玉米和优质蛋白玉米取优去劣,相互融合,提高玉米中蛋白质和氨基酸含量,优化氨基酸平衡结构和蛋白质组成,培育出优质的高蛋白玉米品种指日可待。

(四)优质高蛋白玉米的特点

高蛋白玉米全面改善了玉米籽粒的营养成分,极大地提高了玉米籽粒的总能量水平。高蛋白玉米需要独特的栽培要求和加工要求,具有独特的销售市场,因此获得了明显的社会效益和经济效益。高蛋白玉米可以改善人体的营养结构,对儿童的身体、智力发育起到了良好的促进作用,能帮助改善轻微或适度营养不良的学前儿童的营养状况;更有益于糖尿病患者和高脂血症人群;对某些疾病也有良好的疗效,特别是预防癞皮病。优质蛋白玉米的营养价值相当于牛奶蛋白质的 90%,在发展中国家可作为贫困人口的代用营养食品。印度和南美洲曾用优质蛋白玉米作为食品进行多次营养实验研究。对儿童(体重 14 ~ 16 kg)来说,优质蛋白玉米食品的生物价是 84,净蛋白质利用率是 76,而全奶食品对应则分别为 81 和 65。此外,高蛋白玉米可增加养殖效益,由于其营养价值与豆饼相近,提高饲料质量的同时可降低饲料成本。以普通玉米为饲料时,由于玉米的蛋白质含量较低,不能满足动物的需要,所以通过添加豆粕来提高饲料中蛋白质含量,同期价格相比,大豆为2.58 元/kg,而玉米为 1.25 元/kg,因此提高玉米的蛋白质含量,就可以减少大豆的使用量,从而降低饲料的成本。饲料实验发现,以优质高蛋白玉米为饲料时所养的猪比普通玉米饲料喂养的猪日增重提高 30%,喂鸡后产蛋量提高 15%。由此可见,高蛋白玉米具有较好的食用价值和饲用价值。

赖氨酸是仅能从食物中摄取的一种必需氨基酸,其不能由人体和单胃动物自身直接合成。在优质蛋白玉米的籽粒中赖氨酸含量大于 0.4%,色氨酸含量也比普通玉米高一倍左右。

关于优质蛋白玉米中赖氨酸含量的增加,氨基酸组成改变的具体生化机理尚不清楚。有相关学者认为,高赖氨酸基因是醇溶蛋白结构基因的调节基因,影响着醇溶蛋白基因的转录,影响着 mRNA 的翻译,影响着某些合成醇溶蛋白所必需的氨基酸的利用率,进而改善了玉米蛋白质的品质。opaque – 2 基因可能是在玉米蛋白合成量最大时,作为一种媒介通过提高核糖核酸酶的活性,作用于玉米蛋白的合成。也有研究表明,赖氨酸含量的增加是基因嵌入的结果,这种基因修饰提高了催化赖氨酸的生物合成的不敏感性天冬氨酸激酶和不敏感性二氢吡啶二羧酸合成酶的表达,从而提高了赖氨酸的合成。利用基因工程改造的高赖氨酸玉米,与普通玉米相比,营养价值显著提高,因而又将其称为“增值玉米”。高赖氨酸玉米中赖氨酸、色氨酸的消化率均显著高于普通玉米,其干物质的消化能、代谢能和氮的消化率明显高于普通玉米。采用优质蛋白玉米进行养猪实验的结果表明,与普通玉米相比,优质蛋白玉米具有较高的赖氨酸、色氨酸消化率。从氮的生物学价值和氮的沉积两个方面均可以确定,高赖氨酸玉米的蛋白质品质均好于普通玉米。

美国为了研究高赖氨酸和色氨酸的玉米,将 o2 和 floury – 2 的基因转育到杂交玉米中,与一般杂交玉米相比,其胚乳赖氨酸和色氨酸含量提高 50% 以上。与此同时,也产生了一些弊端,与主推杂交种相比,其在产量上减产 7% ~ 15%,这主要是这种玉米的原突变体适应性较差,容易感染穗腐病而导致的。这种玉米籽粒的缺点在于软质呈白蜡状,不透明籽粒外观不受市场欢迎;种子发芽和幼苗生长较差,籽粒灌浆慢、易碎,在田间和谷仓中易受病虫危害,生理成熟期间脱水慢,这些缺点使这种玉米在生产上难以推广。

(五)高蛋白玉米的经济效益

饲料玉米中约60%是农户以原粮的形式饲养猪、鸡等畜禽,约40%作为饲料工业生产的各种配合饲料。在肉鸡、蛋鸡、育肥猪、阉牛、奶牛等畜禽饲料中使用高蛋白玉米替代普通玉米,可降低动物饲粮中豆粕等蛋白质饲料的使用量,降低饲料成本。将优质蛋白的玉米用于不同蛋白质含量的配合饲料中,研究发现,猪的日增重比饲用普通玉米的提高30%,与饲用普通玉米相比,猪增长1 kg的体重即可节省饲料0.47～2.13 kg。长春市农业科学院对肥育猪进行实验,结果表明,优质蛋白玉米喂食猪后,可改善料肉比,节省蛋白饲料原料,其营养价值接近豆饼,但在价格和原料来源上占有较大优势,可帮助养殖户获得更高的经济效益。河南农业大学研究发现,生长猪消耗每吨玉米的经济效益能增加71.61元,等蛋白条件下用高蛋白玉米替代普通玉米配制生长猪全价日粮,平均每吨生长猪全价配合饲料能减少饲料成本26元。

我国每年对大豆等饼粕类蛋白质饲料有大量的需求,目前对大豆种植量的增加有限;我国生产赖氨酸涉及技术、原料、建设厂房、环境保护等多方面综合因素,需要大量的资金投入。因此,优质蛋白玉米的推广,既可以增加蛋白质资源,又可以兼顾能量饲料。经核算后发现如玉米品种改良工作完成,在保持普通玉米营养特性不变的前提下,获得的玉米品种赖氨酸的含量提高50%左右,若将全国玉米总种植面积的50%改种这种高赖氨酸优质玉米,其产出量可达8 000万吨以上,而赖氨酸含量由平均0.24%提高到0.36%,这就相当于在我国农村建起了12座万吨级赖氨酸厂,在节省了固定资产投资的同时,可创造巨大的经济效益和社会效益。需要注意的是,农民种植高赖氨酸玉米,应具有安全自然屏障隔离的条件,或错期播种1个月的时间隔离,以确保无其他玉米串粉使高赖氨酸玉米不受普通玉米显性花粉直感,而降低赖氨酸含量。

四、优质玉米蛋白质的品质研究

(一)国外玉米籽粒蛋白的研究

由于普通玉米缺乏人体及单胃动物生长发育必需的赖氨酸、色氨酸等,因此其营养品质较差。长期以来,人们一直在寻找能够对玉米蛋白质质量改良的有效育种途径。Osborne 首先发现玉米籽粒蛋白质中存在氨基酸的组成不全、生物学利用价值不高等问题,自此育种专家致力于玉米籽粒蛋白质含量的提高,以及氨基酸构成的改善。1896 年,美国 Illinois 农业实验站 Hopkins 对玉米品种波尔白进行 70 多代的选择研究,将玉米蛋白质含量提高了 250%,但却无法改善高含量醇溶蛋白与低含量赖氨酸存在的问题,玉米存在产量显著降低、营养价值低的缺点。1964 年,美国普渡大学的 Mertz 等人发现了一个由单隐性基因(o2)控制的籽粒胚乳突变体,与普通玉米相比,醇溶蛋白含量由 55.1% 降到 22.9%,谷蛋白含量由 31.8% 提高到 50.1%;全籽粒蛋白质中赖氨酸含量提高约 1 倍,色氨酸含量提高 1 倍以上。o2 单隐性基因的发现,推进了研究人员对高赖氨酸玉米的研究。之后具有同样作用的 fl-2 基因被发现,与简单遗传的隐性基因 o2 有所不同的是,fl-2 基因虽为隐性,却可表现出半显性现象,遗传也有所不同。fl-2 基因只有在等位基因纯合时,增加赖氨酸含量的作用才能表现出来,与此同时 fl-2 基因遗传背景下赖氨酸含量变动范围极大,超过 o2。随后人们又相继发现能够提高玉米赖氨酸含量的其他类型突变体 opaque-7、opaque-6 和 De-30。opaque-6、opaque-7 属于完全隐性,De-30 是显性,其中 opaque-6 突变体对赖氨酸含量提高效应最显著,但该基因在隐性纯合状态时,植株在苗期出现死亡比例较大,很难得以应用。之后具有 o2 基因的硬质胚乳材料被发现,是 o2 基因位点的修饰基因在硬度的表达上呈现部分显性遗传,该修饰基因不改变赖氨酸的含量,可不同程度改变玉米胚乳的硬质度。20 世纪 80 年代初,墨西哥国际玉米小麦改良中心通过轮回选择的方法优化优质蛋白玉米,采用单籽粒微量胚乳样品的快速生化测定技术,培育出含硬质胚乳的高赖氨酸玉米杂交种,通过国际家系鉴定实验,获得了普通基因型控制的硬粒型的高赖氨酸玉米的高代群体及家系。

(二)我国玉米籽粒蛋白质含量的现状

我国在不同年代对玉米杂交种进行了大面积推广,对其中有代表性的 8 个玉米杂交种籽粒营养成分进行测定发现,这些玉米籽粒平均蛋白质含量为 10.57%,同时发现自 20 世纪 60 年代,我国玉米籽粒中蛋白质的含量呈现明显的下降趋势。大量研究数据表明,我国玉米籽粒蛋白质含量处于中等水平,且赖氨酸含量偏低。1998—2001 年通过审定的 51 个玉米新杂交种籽粒蛋白质呈现缓慢下降趋势,平均含量为 9.91%,赖氨酸含量保持较低水平,为 0.296%。研究人员对内蒙古自治区 2002—2008 年审定的 140 个玉米杂交种(不包括特用玉米品种和未进行品质分析品种)的粗蛋白含量进行分析,发现来源于不同地区的杂交种,粗蛋白含量差异较大,呼和浩特市粗蛋白含量为最高,平均为 10.62%,较样本平均含量高出 0.59%;

呼伦贝尔市平均含量为 10.60%；巴彦淖尔市平均粗蛋白含量为 10.35%；赤峰市、通辽市及包鄂二市（即包头市、鄂尔多斯市）杂交种的粗蛋白含量分别为 10.17%、9.69% 和 9.58%；兴安盟的平均粗蛋白含量最低，为 9.46%。刘淑云对国内的玉米籽粒品质研究结果表明，蛋白质含量平均水平为 8%～9%，赖氨酸含量偏低，一般为0.2%。由此可见，我国玉米品种的营养品质有待提高。基于此可知，我国在较长的一段时期内，玉米生产的主导类型仍然是普通玉米，因此加速对高蛋白玉米和高赖氨酸玉米的品种选育工作，仍是一个持续而艰巨的任务，是未来的一个重要发展方向。我国玉米品种专业化推广和应用也与国外存在着一定的差距，国外在玉米品种专用化方面早已开始产业化经营，像美国培育的"伊利诺斯"高蛋白饲用玉米、高赖氨酸工业用玉米等发展极为迅速，已进行商业化生产种植，而我国玉米的专用化选育和利用刚刚起步。

（三）玉米蛋白及赖氨酸含量的变异性

在品种、自交系和种质资源方面，蛋白质含量存在着较丰富的变异。Illinois 生产实验对 579 个杂交品种的蛋白质含量进行分析，蛋白质含量变化范围为 7.85%～12.45%；在南斯拉夫的 1 187 个地方品种中，硬粒型玉米品种蛋白质变化范围为 9.4%～16.9%，马齿型玉米品种蛋白质变化范围为 9.6%～15.2%，中间型玉米品种蛋白质变化范围为 8.4%～16.1%。美国 20 世纪 90 代培育的 Burrs White 品种，其平均蛋白质含量超过 32%，并且仍有提高的可能性。与国外相比，我国玉米品种的蛋白质和赖氨酸含量还有一定差距，发展空间大。

我国的玉米品种中，还未发现玉米籽粒蛋白质及赖氨酸含量特别高的品种。李凌雨等人通过对 229 份玉米杂交种品质分析发现，玉米杂交种蛋白质含量变化范围为 9.00%～10.99%，平均含量为 10.05%±1.14%；赖氨酸含量变化范围为 0.24%～0.359%，平均含量为 0.297%±0.051%。张泽民对不同年代生产上大面积推广的 8 个代表性玉米杂交种籽粒营养成分的测定表明，玉米蛋白质的平均含量为 10.57%。全国不同地区杂交种的蛋白质和氨基酸含量也有差异，在东北地区杂交种的蛋白质含量平均为 10.47%±1.17%，内蒙古自治区 140 份玉米杂交种的蛋白质含量平均为 10.62%，处于蛋白质含量最高水平；西北地区杂交种的赖氨酸含量处于最高水平，平均为 0.318%±0.046%。对河北省收集、引进、选育的 210 份玉米种质资源分析，结果发现蛋白质平均含量为 12.53%。

在对 1986—1989 年及 1991—1994 年国家种质资源库的 7 609 份玉米种质资源的主要品质分析鉴定发现，这些来自全国 26 个省、市（区）农业科研单位繁殖提供的玉米品种，其中粗蛋白质平均含量为 11.92%，蛋白质含量变幅为 6.61%～

24.62%；2 537 份玉米种质资源的赖氨酸平均含量为 0.289%，其中蛋白质含量 >
15%、赖氨酸含量 >0.4% 的优质玉米品种的总筛选率占比为 0.91% 和 1.02%。
内蒙古自治区 140 份玉米杂交种的赖氨酸的含量范围为 0.20% ~ 0.41%，平均含
量为 0.30%，其中蛋白质含量 >13%，赖氨酸含量 >0.4% 的优质玉米品种的总筛
选率占比为 0.71% 和 3.57%。研究人员采用国家标准分析方法，对我国 89 份普
通玉米常用自交系进行了品质测定，结果表明，蛋白质平均含量为 11.67%，蛋白质
变化范围为 8.29% ~ 15.52%。

（四）蛋白质与其他因素之间的相关分析

玉米的蛋白质及赖氨酸含量与籽粒产量间的相互关系研究，有不同的观点。
一般研究认为，由于合成蛋白质消耗了更多能量而导致二者存在负相关关系。

国内外部分学者研究认为蛋白质含量与籽粒产量性状不相关，Coerts 通过对 5
个地区种植的 150 份材料分析得出籽粒产量与蛋白质含量无显著相关性。关于玉
米基因型与种植条件改变蛋白质含量的研究发现，因施氮而对玉米蛋白质含量改
变的差异远远小于由基因型不同产生的含量差异。

玉米的蛋白质含量与其他营养成分之间存在着一定的相关性。以普通玉米为
研究对象，通过营养品质及遗传相关分析发现，蛋白质含量和淀粉含量的显性协方
差达显著水平。有研究还发现，玉米粗脂肪含量与蛋白质含量呈显著正相关，与异
亮氨酸和脯氨酸之间呈负向遗传相关，与赖氨酸等其他氨基酸含量之间表现出正
相关趋势。柏光晓通过研究贵州玉米地方品种的赖氨酸含量相关性发现，赖氨酸
含量与粗蛋白呈极显著正相关，与粗脂肪呈不显著正相关，可见同时选育出高赖氨
酸、高蛋白和高脂肪的优质玉米品种是有可能实现的。

不同学者的研究结果均存在差别。有研究对单隐性基因 o2 控制的高赖氨酸
玉米进行分析，发现赖氨酸含量与醇溶蛋白含量呈负相关，与谷蛋白含量呈明显的
正相关。有研究还发现，玉米籽粒的蛋白质与粗脂肪含量存在着极显著的正相关，
而蛋白质含量与粗淀粉含量间呈显著的负相关。14 个高蛋白高赖氨酸玉米自交
系籽粒的物理性状和营养品质性状的相关性分析结果表明，赖氨酸含量与蛋白质
含量呈极显著正相关，提高蛋白质含量，可使赖氨酸水平同时得以提高。

第二节　玉米分析检验通用规则

一、样品登记

玉米分析检验要求必须对玉米样品进行登记。登记的项目包括样品编号,样品名称,玉米种类、品种及产地,代表数量,生产年度,储存时间,扦样地点(即处于车、船、仓库或堆垛),包装或散装,扦样单位及人员姓名,扦样日期等。

二、样品要求

扦样应按有关规定执行,送检玉米样品数量原则上不少于 2 kg,应能满足检验项目的要求。根据检验项目的要求,选用适当的容器和包装运送与保存玉米样品。运送保存过程中必须采用密封、低温等适当措施,防止玉米样品损坏、丢失,避免可能发生的霉变、生虫、氧化、挥发成分的逸散及污染等。检验后的玉米样品在检验结束后应妥善保存至少一个月,以备复检。对易发生变化的检验项目不予复检。对检验项目易发生变化的玉米样品不予保存,但事前应对送检方声明。

三、检验方法选择

一个检验项目有多个标准检验方法时,可根据检验方法的适用范围和实验室的条件选择使用。委托检验按委托方指定的检验方法或双方协商的检验方法进行检验。仲裁检验时,以标准中规定的仲裁方法进行检验;没有规定仲裁方法时,若一个检验项目只有一个方法标准,则以该方法标准标明的第一法为仲裁方法;未标明第一法或一个检验项目有多个方法标准时,则由有关方协商确定仲裁方法。

四、试剂要求

检验用水一般为蒸馏水或去离子水。未指明溶液用何种溶剂配制时,均为水溶液。检验中需用的试剂均为分析纯,基准物质和特别注明试剂纯度需指明并明确规定;未指明具体浓度的硫酸、硝酸、盐酸、氨水,均指市售试剂规格的浓度。标准滴定溶液的制备按 GB/T 601—2016《化学试剂 标准滴定溶液的制备》执行,杂质测定用标准溶液的制备按 GB/T 602——2002《化学试剂 杂质测定用标准溶液的制备》执行,实验中所使用的制剂及制品的制备按 GB/T 603—2002《化学试剂 试验方法中所用制剂及制品的制备》执行。液体的滴是指在 20 ℃时蒸馏水自标准滴管流下一滴的量,一般 20 滴约 1 mL,即 1 滴约为 0.05 mL。

五、仪器设备要求

所选仪器设备应符合标准中规定的量程、精度和性能要求。对涉及计量的仪器设备及量具(包括玻璃量具)应按国家有关规定进行检定或校准。玻璃量具和玻璃器皿应按有关要求洗净后使用。检验方法中所列仪器为主要仪器,实验室常用仪器可不列入。

六、检验要求

按照标准方法中规定的分析步骤进行检验。称取:用天平进行的称量操作,其准确度要求用数值的有效数位表示,如"称取 10.0 g……"指称量准确至 ±0.1 g;"称取 10.00 g……"指称量准确至 ±0.01 g。准确称取:用天平进行的称量操作,其准确度为 ±0.000 1 g。恒量:在规定条件下,连续两次干燥或灼烧后的质量差不超过规定的范围。量取:用量筒或量杯取液体物质的操作。吸取:用移液管、刻度吸量管取液体物质的操作。

为减少随机误差的影响,测试应进行平行实验,以获得相互独立的测定值,由相互独立的测定值得到可靠的最终测试结果。对测试存在本底,以及需要计算检验方法的检出限时,应进行空白实验。可通过进行回收实验判断分析过程是否存在系统误差,以及验证测试方法的可靠性、准确性。对检验中可能存在的中毒、爆炸、腐蚀、燃烧等不安全因素应有防护措施。

七、原始记录和检验单

试样检验必须有完整的原始记录。原始记录应具有原始性、真实性和可追溯性。原始记录的内容包括样品编号、样品名称、玉米种类及品种、检验依据、检验项目、检验方法、环境温度与湿度、主要仪器设备名称型号与编号、测试数据、计算公式和计算结果、检测人及校核人、检验日期。需要注意的是,如存在特殊情况可不限于上述内容。检验人员应按照原始记录正确填写质量检验单。

八、结果计算与处理

测定值的运算和有效数字的修约应符合 GB/T 8170—2008《数值修约规则与极限数值的表示和判定》的规定。在重复性条件下,两次独立测试结果的绝对差与标准规定的允许差(重复性限 $r = 2.8\ s_r$,s_r 为重复性标准差)相比较,如果两个测试结果的绝对差不大于允许差,以两个独立测试结果的平均值为最终测试结果。

若两个独立测试结果的绝对差超过允许差,则必须再进行 2 次独立测试,共获得 4 个独立测试结果。若 4 个独立测试结果的极差($X_{max} - X_{min}$) ≤ 允许差的 1.3 倍,或重复性临界极差 $C_rR_{95}(4) = 3.6s_r$,则以 4 个独立测试结果的平均值作为最终测试结果;如果 4 个独立测试结果的极差($X_{max} - X_{min}$) > 允许差的 1.3 倍,或重复性临界极差 $C_rR_{95}(4) = 3.6s_r$,则以 4 个独立测试结果的中位数作为最终测试结果。

标准规定需要进行两次以上的独立测试时,其重复性临界极差 $C_rR_{95}(n)$ 按标准要求计算,最终测试结果参照判定方法确定。如果测试结果在方法的检出限以下,可用"未检出"表述测试结果,但应注明检出限数值。测试报告内容不限于以下内容:至少包括最终测试结果,并说明测试次数是平均值还是中位数;样品的全部信息;已知的采样方法;测试方法;标准没有具体说明的或者被认为是可选性的,以及所有可能影响结果的操作细节。

第三节　优质蛋白玉米中蛋白质的测定

一、凯氏定氮法测定

(一)实验原理

食品中的蛋白质在催化加热条件下被分解,产生的氨与硫酸结合生成硫酸铵。碱化蒸馏使氨游离,用硼酸吸收后以硫酸或盐酸标准滴定溶液滴定,根据酸的消耗量计算氮含量,再乘以换算系数,即为蛋白质的含量。

(二)试样消化处理

固体样品:取干燥后的玉米全籽粒或其他各部位样品,经粉碎后充分混匀,称取 0.2 ~2 g。

半固体试样:取玉米全籽粒或其他各部位样品,加入少量水,经研钵研磨或经捣碎机捣碎后充分混匀,称取 2 ~5 g。

液体试样:取玉米全籽粒或其他各部位样品,按一定比例加入水后,经组织捣碎机捣碎成浆状,称取 10 ~25 g 。

上述三种样品所取的质量相当于 30 ~40 mg 氮,精确称取 0.001 g,将样品转入干燥的 100 mL、250 mL 或 500 mL 定氮瓶中,之后向定氮瓶中加入硫酸铜0.4 g、硫酸钾 6 g 及硫酸 20 mL,轻轻振摇混合均匀后,将一小漏斗放置于瓶口,将定氮瓶倾斜 45 ℃,斜支于石棉网上。小火加热使其内容物全部炭化,不再出现泡沫后,对定氮瓶加大火力,使瓶内液体一直保持微沸状态,直至液体呈现澄清透明的蓝绿色后,继续加热 0.5 ~1 h。之后将定氮瓶取下放冷,慢慢加入 20 mL 水,加水过程中发生反应并释放热量,需冷却至室温后再移入 100 mL 容量瓶中,然后用少量水分次洗定氮瓶,洗液并入容量瓶中,加水至刻度,混匀备用,同时做试剂空白实验(除不加样品外,其余操作均与样品测定相同)。

(三)蒸馏、吸收、滴定

将电炉、水蒸气发生器、反应装置、冷凝管及接收瓶等装置连接好。首先将水蒸气发生器内装水至2/3 处,同时加入数粒玻璃珠防止加热过程中产生暴沸,再加入甲基红乙醇溶液数滴及数毫升硫酸,使水保持酸性,以避免水中的氨被蒸出而影响测定结果。加热煮沸水蒸气发生器内的水并保持沸腾。将 20 g/L 的硼酸溶液10.0 mL 及 1 ~2 滴 A 混合指示剂(2 份甲基红乙醇溶液与 1 份亚甲基蓝乙醇溶液,用时混合)或 B 混合指示剂(1 份甲基红乙醇溶液与 5 份溴甲酚绿乙醇溶液,用时混合)加入接收瓶中,同时注意要将冷凝管的下端插入接收瓶的液面下。

准确吸取 2.0 ~10.0 mL 试样液(依据试样中氮含量不同适量吸取),将试样液通过小玻杯注入反应室中,之后加入 10 mL 蒸馏水分次洗涤小玻杯,使洗涤液流入反应室,再将反应室上棒状玻塞塞紧。取 400 g/L 的氢氧化钠溶液 10 mL 倒入小玻杯中,氢氧化钠溶液缓缓流入反应室后,立即将玻塞盖紧,同时用水将玻塞口封住,之后夹紧螺旋夹,开始蒸馏。准确蒸馏 10 min 后,将蒸馏液接收瓶移出,使冷凝管下端离开液面,之后再蒸馏 1 min。用少量水冲洗冷凝管下端外部,冲洗水全部进入蒸馏液接收瓶后,将接收瓶取下。用 0.05 mol/L 的硫酸或盐酸标准滴定溶液滴定至终点,当使用 A 混合指示剂时,终点颜色为灰蓝色;使用 B 混合指示剂时,终点颜色为浅灰红色,同时做试剂空白实验。

(四)检测报告

试液和试液空白消耗硫酸或盐酸标准滴定液的体积,单位为毫升(mL);吸取消化液的体积,单位为毫升(mL);试样质量,单位为克(g);氮换算为蛋白质的系数 F。以上述量设计方程求解试样中蛋白质的含量,单位为克每百克(g/100 g)。蛋白质含量大于或等于 1 g/100 g 时,结果保留三位有效数字;蛋白质含量小于

1 g/100 g 时,结果保留两位有效数字。在重复条件下获得的两次独立测定结果的绝对差值不得超过算术平均值的 10%。

二、自动凯氏定氮仪测定

准确称取充分混匀的固体试样 0.2~2 g、半固体试样 2~5 g 或液体试样 10~25 g(使其中含氮量为 30~40 mg),称重精确至 0.001 g,将试样加入消化管中,再加入 0.4 g 硫酸铜、6 g 硫酸钾及 20 mL 硫酸,将消化管置于消化炉进行消化。当消化炉温度达到 420 ℃ 之后,继续消化 1 h,此时消化管中的液体呈绿色透明状,取出冷却后加入 50 mL 水,装入自动凯氏定氮仪中,使用前在凯氏定氮仪中加入氢氧化钠溶液、盐酸或硫酸标准溶液,以及含有混合指示剂 A 或 B 的硼酸溶液,然后按下加水按钮、加碱按钮、自动蒸馏滴定按钮,记录滴定数据。

三、分光光度法测定

(一)实验原理

食品中的蛋白质在催化加热条件下被分解,分解产生的氨与硫酸结合生成硫酸铵,在 pH 值为 4.8 的乙酸钠 – 乙酸缓冲溶液中与乙酰丙酮和甲醛反应生成黄色的 3,5 – 二乙酰 – 2,6 – 二甲基 – 1,4 – 二氢化吡啶化合物。在波长 400 nm 下测定吸光度值,与标准系列比较定量,结果乘以换算系数,即为蛋白质含量。

(二)试样消解与制备

称取充分混匀的固体试样 0.1~0.5 g(精确至 0.001 g)、半固体试样 0.2~1 g(精确至 0.001 g)或液体试样 1~5 g(精确至 0.001 g),移入干燥的 100 mL 或 250 mL 定氮瓶中,之后将 0.1 g 硫酸铜、1 g 硫酸钾及 5 mL 硫酸加入定氮瓶中,轻摇混合后,将一小漏斗放置于瓶口,将定氮瓶倾斜 45 ℃,斜支于石棉网上。小火加热使其内容物全部炭化,无泡沫后,加大火力,使瓶内液体一直保持微沸状态,直至液体呈现澄清透明的蓝绿色后,继续加热 0.5 h。之后将定氮瓶取下放冷,慢慢加入 20 mL 水,加水过程中瓶内液体放热,需将瓶内液体冷却至室温后再移入 50 mL 或 100 mL 容量瓶中,然后用少量水分次洗定氮瓶,洗液并入容量瓶中,加水至刻度,混匀备用,同时做试剂空白实验(除不加样品外,其余操作均与样品测定相同)。

吸取 2.00~5.00 mL 试样或试剂空白消化液,加入 50 mL 或 100 mL 容量瓶中,之后加入 1~2 滴 1 g/L 的对硝基苯酚指示剂溶液,摇匀,加入 300 g/L 氢氧化钠溶液中和溶液颜色至黄色,之后逐滴加入 1 mol/L 乙酸溶液,直至溶液呈现无色后,用蒸馏水稀释至刻度,混匀。

(三)标准曲线的绘制

准确吸取 0.00 mL、0.05 mL、0.10 mL、0.20 mL、0.40 mL、0.60 mL、0.80 mL 和 1.00 mL 浓度为 1 g/L 的氨氮标准使用溶液(相当于 0.00 μg、5.00 μg、10.0 μg、20.0 μg、40.0 μg、60.0 μg、80.0 μg 和 100.0 μg 氮),分别放入 10 mL 具塞比色管中,之后各管中分别加入 4.0 mL pH 值为 4.8 乙酸钠 – 乙酸缓冲溶液、4.0 mL 显色剂(甲醛与乙酰丙酮混合液),然后加水稀释至 10 mL 刻度线,振摇混匀。将具塞比色管放入 100 ℃ 水浴中加热 15 min,取出后用水冷却至室温后,转入 1 cm 比色杯内,以零管为参比,在波长 400 nm 处测量吸光度值,根据吸光度值绘制标准曲线或计算线性回归方程。

(四)试样的测定

吸取 0.50 ~ 2.00 mL(约相当于氮 < 100 μg)试样溶液和同量的试剂空白溶液,分别放入 10 mL 具塞比色管中。加入 4.0 mL pH 值为 4.8 乙酸钠 – 乙酸缓冲溶液、4.0 mL 显色剂,然后加水稀释至 10 mL 刻度线,振摇混匀。将具塞比色管放入 100 ℃ 水浴中加热 15 min,取出后用水冷却至室温后,转入 1 cm 比色杯内,以零管为参比,在波长 400 nm 处测量吸光度值,将试样吸光度值与标准曲线比较定量或代入线性回归方程求出含量。

(五)检测报告

标准曲线得到的试样溶液和试剂空白溶液中氮的含量,单位为微克(μg);试样消化液定容体积,单位为毫升(mL);试样溶液总体积,单位为毫升(mL);试样质量,单位为克(g);制备试样溶液的消化液体积,单位为毫升(mL);测定用试样溶液体积,单位为毫升(mL);氮换算为蛋白质的系数 F。以上述量设计方程求解试样中蛋白质的含量,单位为克每百克(g/100 g)。蛋白质含量大于或等于 1 g/100 g 时,结果保留三位有效数字;蛋白质含量小于 1 g/100 g 时,结果保留两位有效数字。在重复条件下获得的两次独立测定结果的绝对差值不得超过算术平均值的 10%。

第四节　优质蛋白玉米中赖氨酸的测定

一、茚三酮法

(一)实验原理

谷物蛋白中赖氨酸残基有自由的 $\varepsilon - NH_2$，它与茚三酮试剂可发生颜色反应，生成蓝紫色物质，其颜色与赖氨酸残基的数目呈正相关。

亮氨酸与赖氨酸碳原子数目相同，而且仅有一个氨基($\alpha - NH_2$)，相当于蛋白质中赖氨酸残基上的 $\varepsilon - NH_2$，因而可以用亮氨酸配成标准溶液，做出标准曲线，可用于测定谷物蛋白内赖氨酸的含量。

(二)绘制标准曲线

准确吸取已配好 20 μg/mL、60 μg/mL、100 μg/mL、140 μg/mL、180 μg/mL 的亮氨酸系列标准溶液各 0.5 mL，分别放入 5 支试管中，再取一支试管加入 0.5 mL 蒸馏水作为空白对照。向每支试管中各加入 0.5 mL 的 4% 碳酸钠溶液和 2 mL 茚三酮试剂(前一天配好)，混匀，在 80 ℃恒温水浴上保温 30 min。取出后，立即放入冷水浴中冷却 3 min，然后向每管内加入 5 mL 的 95% 乙醇，摇匀，在分光光度计上 500 nm 波长处进行比色，以空白作对照，读取吸光度。以吸光度值为纵坐标，亮氨酸浓度为横坐标，绘出标准曲线，并求出曲线的斜率。

(三)样品的测定

准确称取干燥、混匀的玉米粉 25 mg 放入试管中(试管应预先烘干)，加入约 300 mg 细石英砂和 1 mL 的 2% 碳酸钠溶液，用圆头玻璃棒充分搅拌 2 min，注意切勿将试管挤破，将试管放入 80 ℃恒温水浴中，保温显色 30 min，同时以蒸馏水作一空白对照，取出后，立即放入冷水浴中冷却 3 min，其余步骤与绘制标准曲线做法相同。加完 5 mL 的 95% 乙醇后进行过滤，用滤液进行比色，读取吸光度。若样品颜色过深，则可取一定量的滤液用 95% 乙醇稀释后比色，吸光度的数值以在标准曲线范围内为宜。

(四)检测报告

标准曲线得到的亮氨酸含量，单位为微克每毫升(μg /mL)；样品稀释倍数 N；样品质量，单位为毫克(mg)。以上述量设计方程求解试样中赖氨酸的含量，单位为微克每毫克（μg／mg）。在重复条件下获得的两次独立测定结果的绝对差值不得超过算术平均值的10%。

二、FDBN 反应法（1－氟－2,3－二硝基苯）

（一）实验原理

在水溶液中,铜离子能够阻碍游离氨基酸 α－氨基的反应活性,赖氨酸同时具有 α－氨基和 ε－氨基,其 ε－氨基可以自由地与 1－氟－2,3－二硝基苯（FDBN）反应,生成 ε－DNP－赖氨酸。反应液经酸化、二乙基醚提取,提取物在 390 nm 波长处有吸收峰,据此可通过标准曲线计算出待测样品中游离赖氨酸的含量。

（二）样品的测定

精确称取过 40 目筛的待测玉米样品 1.00 g,置于 100 mL 烧瓶中；吸取 0.2 mg／mL 赖氨酸－HCl 标准溶液 5 mL 置于另一 100 mL 烧瓶中；同时再取另一 100 mL 烧瓶作为空白对照。

分别向各烧瓶中加入 25 mL 磷酸铜悬浮液,再加入 1mL 的 100 mg/mL 丙氨酸溶液,振摇 15 min 后,再加入 10% FDBN 溶液 0.5 mL,最后将烧瓶置于沸水浴中加热 15 min。反应结束后取出烧瓶,立刻向其中加入 25 mL 的 1 mol/L HCl 溶液,并不断摇匀使之酸化和分散均匀。

将烧瓶中的溶液冷却至室温,加蒸馏水稀释至 100 mL,分别取 40 mL 悬浮液以 3 500 r/min 离心 5 min；取上清液,并用 25 mL 二乙基醚提取上清液 3 次,除去醚,然后分别将水相溶液收集于带刻度的试管中,并置于 65 ℃ 水浴中加热 15 min,除去残留的醚,以得到处理液,记录溶液体积。

吸取处理液各 10 mL,分别与 95%（V/V）乙醇溶液等体积混合,用滤纸过滤,取滤液待测。用试剂作空白对照,在 390 nm 波长下,分别测定待测样品溶液、赖氨酸－HCl 标准溶液、空白对照溶液的吸光度值,即 OD_1、OD_2、OD_3。

（三）检测报告

待测玉米样品溶液在 390 nm 波长下的吸光度值 OD_1；赖氨酸－HCl 标准溶液在 390 nm 波长下的吸光度值 OD_2；空白对照溶液在 390 nm 波长下的吸光度值 OD_3；赖氨酸－HCl 标准溶液的浓度,单位为毫克每毫升（mg/mL）；玉米样品质量 m,单位为克（g）。以上述量设计方程求解试样中赖氨酸的含量,单位为毫克每千克（mg/kg）。在重复条件下获得的两次独立测定结果的绝对差值不得超过算术平均值的 10%。

第二章　高淀粉玉米品质分析与检验

第一节　高淀粉玉米的品质要求

一、高淀粉玉米

依据农业农村部的标准,将高淀粉玉米定义为籽粒淀粉含量大于74%的专用型玉米。我国颁布的高淀粉玉米的分级标准中,淀粉含量75%以上为一级,淀粉含量72%以上为二级,淀粉含量69%以上为三级。根据玉米籽粒中淀粉的性质不同,即比例和结构的差异,又可将高淀粉玉米划分为支链淀粉玉米、混合型高淀粉玉米和高直链淀粉玉米三种。玉米淀粉因其具有纯度高、提取率高、用途广及经济效益佳的优点,广泛应用于食品、造纸、纺织、医药、化学、石油化工、燃料、塑料及建筑等工业领域。目前,玉米已从传统的粮食和饲料作物转向经济及工业原料,由单纯的产量型向品质型、专用型转变。2013年,全世界淀粉产量约6 880万吨,其中玉米淀粉约6 100万吨,占总量的89%,其他为木薯、小麦和马铃薯淀粉。玉米淀粉产量能够位居首位,是由于玉米淀粉在各种作物淀粉中化学成分最佳,纯度非常高,达到99.5%,同时提取率也高,为93%~96%。美国是世界淀粉产量最大的国家,产量约2 900万吨,其中玉米淀粉产量占96.6%;我国居第二位,产量约2 500万吨,约占世界淀粉总产量的36.3%,其中玉米淀粉产量约为2 350万吨,约占我国淀粉总产量的94%。2020年,我国淀粉产量上升为3 389万吨,玉米淀粉产量占淀粉总产量的95.39%。

随着国内外市场对玉米淀粉需求的持续增长,高淀粉玉米的研究逐渐成了玉米研究的热点。深入研究玉米籽粒淀粉积累的生理生化机制,重视选育工业专用型高淀粉玉米品种,将推动淀粉工业发展。开发多种以玉米淀粉为基础的高附加值新产品,既可为工业部门提供含量高的玉米淀粉,又有利于农民种植高产高效的高淀粉玉米,发展前景广阔。对高淀粉玉米的研究主要集中在育种方面,美国的高淀粉玉米育种工作起步很早,在 1909 年发现了 Wx 基因,即可控制支链淀粉的基因;1958 年发现了 ae 基因,该基因可使直链淀粉加倍;此后又不断发现了影响直链淀粉含量的 du 和 su2 基因。目前,世界上只有美国将 ae 基因的玉米杂交种商品化。我国从 20 世纪 80 年代起开始培育高淀粉玉米品种,1984 年四单 19 中熟高淀粉玉米单交种由四平市农业科学院杂交选育出来,四单 19 是以自选系 444 作母本,外引系 MO17 为父本,杂交育成;1986 年和 1991 年,长春市农业科学院相继杂交育成长单 26 号和长单 374 品种,两个杂交种分别在 1992 年和 1998 年通过了吉林省农作物品种审定委员会审定;内蒙古自治区哲里木盟(现通辽市)农业科学研究所培育研发了哲单 14 和哲单 20 等品种,全国各地都陆续积极展开了高淀粉玉米品种的选育工作,并将选育品种进行大面积种植与推广。巴单 29、达玉 1 号、蒙单 5 号、郑单 18 等大量高淀粉玉米新品种陆续被选育出来。1998 年,顾晓红对全国 26 个省市提供的 7 609 份玉米种质资源进行分析鉴定,筛选出粗淀粉含量大于 72% 的种质资源 230 份,总淀粉含量大于 74% 的资源 11 份,多为国内自交系。

　　与普通玉米相比,高淀粉玉米的产量和地上生物量均较低。因此针对高淀粉玉米产量提高问题,在选育优良品种基础上,可对玉米的栽培技术方面同时进行相关研究,可有效解决高淀粉玉米的低产问题。选育优质高产、抗逆性强、适应性强的高淀粉玉米是玉米育种工作的主要方向,但要想得到各种综合性状都优良的品种,仅以常规育种手段很难达到,需要借助新技术手段,如细胞工程育种、基因工程等技术,从而达到遗传改良目的。随着现代生物技术与常规育种融合程度的加深,未来将出现更多的优质玉米品种,促进工农业的发展。

二、玉米籽粒结构及其营养成分

　　玉米籽粒的结构从内到外依次为胚、胚乳和果皮,胚和胚乳的质量分别占整个种子质量的 11% 和 83%。淀粉、蛋白质、脂肪、少量糖、纤维素和矿物质是玉米籽粒的主要营养成分。玉米的胚和胚乳是贮存这些营养物质最主要的场所。玉米品质育种的首要任务就是明确玉米籽粒结构及营养成分贮存场所。

　　玉米籽粒基部的胚质量为籽粒总质量的 10%～15%,胚由胚芽、胚根、胚轴和子叶组成,胚内脂肪含量为 35%,蛋白质含量为 18.5%。果皮以下是玉米的主要结构胚乳,胚乳质量占籽粒总质量的 80%～85%,胚乳是玉米籽粒最主要的组成部分,玉米籽粒的经济价值和营养价值主要来自于此。成熟的胚乳主要包括胚乳基底转移层细胞、糊粉层、淀粉胚乳和胚周围区四种类型的细胞。常见的玉米呈半透明至透明状,有的呈不透明状,形成这样的外部特点是由胚乳中不同的营养成分所致。胚乳的最外层是玉米糊粉层,主要积累一些蛋白、磷脂、维生素和矿物质,同时可以通过水解储藏的聚合物为种子的萌发提供能量。胚乳组织中充满着蛋白质和胶状的碳水化合物,组织结构紧密,形成的胚乳称为角质胚乳。而胚乳组织中蛋白质含量较低,形成的胚乳叫作粉质胚乳。淀粉是胚乳中含量最高的物质,其质量是胚乳总质量的70%~75%。玉米胚乳中淀粉粒的直径一般为7~25 μm,且形状不规则。淀粉颗粒是一种亚晶体,具有内部片层结构,且是不溶性颗粒。

依据淀粉成分化学结构的不同,玉米籽粒中的淀粉分为高度分支的支链淀粉和少分支的直链淀粉。直链淀粉含量是衡量角质和粉质胚乳淀粉理化特性差异最重要的指标。一般来说,角质胚乳淀粉的直链淀粉含量显著高于粉质胚乳淀粉。角质胚乳淀粉含有较低的结晶度,这与直链淀粉含量有关,同时还受支链淀粉结构、淀粉粒大小和完整性、颗粒结合蛋白和脂质含量的影响。

依据溶剂中溶解度的不同,玉米籽粒中的蛋白质分为水溶性白蛋白(占3.2%)、盐溶性球蛋白(占1.5%)、乙醇溶性蛋白类(占47.2%)、碱溶性谷蛋白(占35.1%)及硬蛋白。普通玉米籽粒蛋白质含量依次为醇溶蛋白 > 谷蛋白 > 其他蛋白质。在玉米各类蛋白质中,醇溶蛋白含赖氨酸、色氨酸极少,谷蛋白中这两种氨基酸比较丰富。由于玉米胚乳蛋白质中醇溶蛋白类占比例较大,其赖氨酸的含量较低,因此玉米胚乳蛋白质的营养价值也低。角质胚乳比粉质胚乳含有更多的总醇溶蛋白。胚蛋白中醇溶蛋白含量低而谷蛋白含量高,因此胚蛋白的营养价值较高。在玉米胚中含有绝大部分玉米油,其中油酸和亚油酸含量超过80%,亚油酸占60%~65%,油酸占24.4%。另外胚中还包含8.0%~12.7%的棕榈酸、1.0%~2.0%的硬脂酸、1.0%~1.5%的亚麻酸及丰富的维生素 E。

三、淀粉的结构和性质

淀粉在自然界以颗粒存在于植物的根、茎、果实及种子中,淀粉颗粒的尺寸为1~100 μm。大量 α - D - 葡萄糖单元聚缩而成的高聚体构成了淀粉,分子式为$(C_6H_{11}O_5)_n$,大部分是由 α - 1,4 键连接,少量是由 α - 1,6 键连接。作为高分子碳水化合物,淀粉由两种形式组成,即相对分子质量较低的直链淀粉和相对分子质量较高的支链淀粉。直链淀粉是线性大分子,主要是由 α - 1,4 糖苷键连接,少数直链淀粉是由 α - 1,6 糖苷键连接的有分支结构的线性分子,平均每 100 个葡萄糖残基中分支数不到一个。有分支的直链淀粉不同于支链淀粉,在直链淀粉中,这种分支的数量很少,而且支链较长,因此对直链淀粉的性质无影响。直链淀粉相对分子质量为 10^5~10^6,平均聚合度大小为 700~5 000,每个直链淀粉分子含有 3~11 条链,每条链长 200~700 个葡萄糖单位,通常通过分子内氢键的相互作用,卷曲成螺旋形,每一螺旋由 6 个葡萄糖分子构成。

支链淀粉除由 $\alpha-1,4$ 键连接外,还有部分由 $\alpha-1,6$ 键连接,形成分支结构,支链淀粉的相对分子质量比较大,为 $10^7~10^8$,它的聚合度一般为 9 600~15 900。支链淀粉的分支通过氢键作用可以形成"束簇"结构,主链和侧链均呈现螺旋状。

直链淀粉与支链淀粉结构和组成上的差异是影响淀粉性质和功能的主要原因。淀粉遇到碘时会发生显色反应,直链淀粉遇碘时,碘分子进入直链淀粉分子的螺旋内部,形成淀粉 - 碘复合物,该复合物在 620~680 nm 处呈现最大光吸收。淀粉与碘的显色反应,呈现的颜色深浅与直链分子聚合度有关,直链淀粉分子间通过氢键的相互作用形成螺旋状结构,平均每周螺旋可以束缚一个碘分子,整个直链淀粉的螺旋圈数是很大的,可以束缚较多的碘分子,因此直链淀粉遇碘呈现深蓝色。而支链淀粉由于分支较短,所以当它遇到碘时变成紫红色。

淀粉在冷水中不能溶解,但是淀粉在水中受热时,淀粉分子间的氢键就会被破坏,晶体结构就会破裂,导致淀粉吸水膨胀。随着温度的升高,晶体结构逐渐消失,淀粉颗粒相互接触形成糊状,这种现象就是糊化。直链淀粉的糊化温度较高,而支链淀粉的糊化温度较低;糊化焓表示淀粉颗粒糊化所吸收的热能,高直链淀粉玉米的糊化焓比普通玉米低。

普通玉米天然原淀粉中,直链淀粉含量一般为15%~25%,支链淀粉一般含量为75%~85%。高淀粉玉米包括混合高淀粉玉米、高支链淀粉玉米(又称糯玉米、蜡玉米、黏玉米)和高直链淀粉玉米三种。

四、玉米中淀粉品质的形成过程

植物主要是通过光合作用合成糖类物质以维持生命活动,二氧化碳和水在经过一系列复杂的代谢途径后最终以转化淀粉和蔗糖的形式存储下来。由于淀粉以颗粒形式积累在植物的储存组织中,故通常被称为储存淀粉。在叶绿体中利用光合细胞合成的淀粉称为光合淀粉,其存在时间短暂,一般白天积累,随后在夜间用于支持植物体的生物活性而被消耗掉。

合成淀粉的场所是叶绿体和造粉体。在叶绿体中,CO_2 通过植物光合作用固定下来形成磷酸丙糖(Triose - P),一部分磷酸丙糖留在叶绿体内经过一系列酶的作用生成葡萄糖 - 1 - 磷酸(G - 1 - P),G - 1 - P 与 ATP 经 AGPase 的催化作用生成 ADPG;另一部分转运至细胞液中,经过一系列酶反应生成蔗糖、G - 1 - P、G - 6 - P 及 ADPG,然后转运到叶绿体中参与淀粉合成。

　　玉米植株叶片等器官的光合产物以蔗糖的形态经维管束输送到贮藏组织,在细胞壁部位被分解成葡萄糖和果糖,然后进入细胞质合成蔗糖,细胞质中的蔗糖经过蔗糖转化酶的水解作用生成果糖和二磷酸尿苷葡萄糖(UDPG),UDPG 进一步形成葡萄糖 – 6 – 磷酸(G – 6 – P),G – 6 – P 进而转化为葡萄糖 – 1 – 磷酸(G – 1 – P),G – 1 – P 在 AGPase 的作用下转化成 ADPG,随后 ADPG 进入造粉体,在淀粉合成酶(SS)、淀粉分支酶(BE)及淀粉脱支酶(DBE)等相关酶的协同催化作用下合成直链淀粉和支链淀粉,最后两者进行排列组合形成淀粉颗粒。在叶绿体中,ATP 可能来源于光合作用,但在非光合质体中,它必须从细胞溶质中运入,可能是通过 ADP/ATP 转运体转运的,在淀粉合成过程被阻断或减弱,形成的产品淀粉含量降低,而蔗糖含量升高,则成为甜性产品,如甜玉米等;若直链淀粉合成过程受阻,则编码 GBBB 的基因不表达,形成糯性产品,如糯玉米。

五、玉米中淀粉的积累

　　不同品种玉米籽粒总淀粉含量变化的总趋势呈“S”形曲线。在玉米籽粒灌浆过程中,不同品种玉米籽粒总淀粉含量变化呈现“慢—快—慢”趋势。玉米籽粒灌浆前期总淀粉含量增加缓慢,授粉后 10 ~ 30 d 总淀粉含量急剧增加,授粉后 30 d 籽粒总淀粉含量增加变慢,到授粉后 45 d 趋于稳定。玉米籽粒品质和产量呈正相关,淀粉含量作为玉米籽粒收获的品质标准,在其合成及形成过程中关键酶的活性受灌溉、施肥、品种和农艺措施等多种因素的控制。研究发现,吐丝期是玉米水分临界期,缺水会导致玉米最大灌浆速度出现时间推迟、最大灌浆速率降低,导致玉米减产。在传统灌水量 60% 时,浅埋滴灌下春玉米籽粒灌浆后期淀粉合成相关酶活性强,淀粉活跃积累期延长,淀粉积累能力增强,千粒重增加,籽粒产量最高。浅埋滴灌优化灌溉可通过提高籽粒灌浆后期淀粉合成酶活性,增强淀粉积累能力,进而增加粒重,提高产量。研究还发现适量配施 N、P、K,可以提高玉米总淀粉含量,同时提高支链淀粉含量,与不施用 P 和 K 的玉米相比,氨基酸含量也得到提高。

　　不同品种玉米籽粒成熟期过程中,淀粉含量呈逐渐积累的趋势。对高油、高淀粉及普通玉米品种淀粉的研究发现,品种间籽粒淀粉百分含量及其单粒淀粉含量的变化均呈上升趋势。授粉后第 10 d 之前,籽粒中淀粉含量很低,授粉后第 10 ~ 30 d 淀粉百分含量迅速增加,第 30 d 后增加缓慢,授粉后第 20 ~ 30 d 为淀粉迅速增加期,淀粉积累高峰期为授粉后的第 30 d 左右。

第二节　高淀粉玉米扦样、分样方法

一、扦样方法

(一)单位代表数量

单位代表数量是指在扦样时将高淀粉玉米同种类、同批次、同等级、同货位、同车船或同舱作为一个检验单位。一个检验单位的代表数量要求小于或等于200 t。

(二)仓房扦样

对于散装的高淀粉玉米,根据玉米的堆形和面积大小进行分区设点,并按照粮堆高度进行分层扦样。具体操作步骤及方法如下。

1. 分区设点

每个区域的面积应不超过50 m²。在每个区域设置中心和四个角,共五个点。区域数量为两个或两个以上的,在两个区域界线上的两个点为共有点,因此两个区域共有八个点,三个区域共有十一个点,以此类推,区域越多共有点越多。粮堆边缘的点应设在距边缘约50 cm处位置。

2. 分层

玉米堆高小于2 m,将堆高分上、下两层;玉米堆高为2~3 m,将堆高分上、中、下三层,上层范围为玉米粮面下10~20 cm处位置,中层范围在玉米粮堆中间,下层范围为距底部20 cm处;玉米堆高为3~5 m,将堆高分为四层;玉米堆高为5 m以上的按具体情况酌情增加层数。

3. 扦样

按上述分区及所设的点,采取先上后下的方式逐层扦样。在每个点扦样的数量需一致。

(三)圆仓(囤)扦样

按照圆仓的高度分层,每层按照圆仓直径分内(圆仓中心)、中(圆仓半径的一半处)、外(距仓边30 cm左右)三圈。当圆仓直径小于8 m,每层按照内、中、外分别设置1,2,4个点,共7个点;直径大于或等于8 m的,每层按内、中、外分别设置1,4,8个点,共13个点,之后按层按点扦样。

二、包装玉米扦样法

玉米扦样的包数应不少于总包数的5%,按照分布的均匀性进行包点的扦样。扦样时使用包装扦样器,将其槽口向下,从包的一端斜对角插入包的另一端,然后槽口向上取出。每包扦样次数应保持一致,采取倒包和拆包相结合的取样方法。取样比例的要求是倒包按规定取样包数的20%;拆包按规定取样包数的80%。倒包是先在洁净的塑料布或地面上将取样包放好,将包口缝线拆掉,之后将包缓慢放倒,将袋底两角用双手紧握,提起约50 cm高,拖倒约1.5 m后全部倒出,从相当于袋的中部和底部用取样铲取出样品。注意:每包和每点取样数量应一致。拆包是拆开袋口缝线3~5针,用取样铲从上部取出所需样品,每包取样数量应一致。

三、其他扦样法

(一)流动玉米扦样法

对机械输送玉米样品进行取样采取流动玉米扦样法。先按照受检玉米的数量和传送时间,定出取样次数及每次应取的数量,然后定时从粮流的终点横断接取样品。

(二)零星收付玉米取样法

零星收付玉米的扦样,其中包括征购玉米的扦样,可参照以上的取样方法,结合此类样品的具体情况,灵活掌握,但是一定要注意保证扦取的样品具有代表性。

(三)特殊目的取样

根据粮情检查、害虫调查、加工机械效能的测定和出品率实验等实际需要取样。

四、分样方法

将原始样品充分混合均匀后,分取平均样品或试样的过程称为分样。

(一)四分法

在光滑平坦的桌面上或玻璃板上倒上样品,使用两块分样板将样品摊成正方形,然后从样品左右两边铲起样品约10 cm高,对准中心同时倒落,再换一个方向同样操作,注意此过程中心点保持不动,如此反复操作4~5次,将样品摊成等厚的正方形。之后用分样板在样品上划出两条对角线,将样品分成四个三角形,将其中两个对顶三角形的样品取出,剩下的样品再按上述方法反复进行分取,最后剩下的两个对顶三角形的样品质量接近所需试样质量时,停止操作。

(二)分样器法

此种方法适合于中粒和小粒玉米原粮样品的分样。分样器的组成主要是漏斗、分样格和接样斗等部件,样品倒入后通过分样格被分成两部分。分样时,将清洁的分样器放稳,关闭漏斗开关,放好接样斗。然后将样品从高于漏斗口约 5 cm 处倒入漏斗内,将样品刮平,打开漏斗开关,使样品流下,待样品流尽后,轻拍分样器外壳,将漏斗开关关闭,再将两个接样斗内的样品同时倒入漏斗内,继续按照上述方法重复混合两次。之后每次用一个接样斗,将样品按上述方法继续分样,直至一个接样斗内的样品接近需要试样质量为止。

第三节　高淀粉玉米容重的测定

一、高淀粉玉米试样制备

根据扦样和分样要求,从平均样品中分取出两份样品,每份约 1 000 g,利用上筛层筛孔直径为 12.0 mm、下筛层筛孔直径为 3.0 mm 的筛层进行 4 次筛选,每次筛选数量约 250 g,将上层筛上的大型杂质拣出并弃除下层筛筛下物,合并上、下层筛上的高淀粉玉米籽粒,混匀后作为测定容重的高淀粉玉米试样。

二、HCT–1000 型谷物容量器测定玉米容重

将谷物容量器包装箱盖打开,取出所有部件,盖好箱盖。在箱盖的插座上,或单独的插座上安好支撑立柱,在立柱上安装横梁支架,同时用螺丝固定好,在支架上安装好不等臂式横梁。调零,在吊钩上挂好容量筒,筒中放有排气砣,并将横梁上的大、小游码移至零刻度处,检查空载时的平衡点,若横梁上的指针没有指示在零刻度位置,则调整平衡砣位置,使横梁上的指针指在零刻度处。

测定时先将容量筒取下,倒出其中的排气砣,将容量筒安装在铁板座上,插上插片,在插片上放上排气砣,套上中间筒。将谷物筒下部的漏斗开关关闭,在谷物筒内装上制备好的试样,装满后用板刮平。再将谷物筒套在中间筒上,将漏斗开关打开,待试样全部落入中间筒后将漏斗开关关闭,握住谷物筒与中间筒接合处,平稳迅速地抽出插片,使试样与排气砣一同落入容量筒内,再将插片准确、快速地插入容量筒豁口槽中,依次取下谷物筒,拿起中间筒和容量筒,倒净插片上多余的试

样,取下中间筒,抽出容量筒上的插片。称量时将含有试样的容量筒挂在容重器的吊钩上称量,称量的质量即为试样容重(g/L)。平行实验是对平均样品分出的两份试样按上述步骤分别进行测定。

三、GHCS-1000型谷物容量器测定玉米容重

打开谷物容量器包装箱盖,取出所有部件,放稳铁板底座。将电子秤电源接通,打开电子秤开关预热,并按照谷物容量器使用说明书对电子秤进行校准。然后,将带有排气砣的容量筒放在电子秤上,将电子秤清零。测定方法和上述操作相同,称量时将内含试样及排气砣的容量筒放在电子秤上称量,称量的质量即为试样容重(g/L)。平行实验是对平均样品分出的两份试样按上述步骤分别进行测定。

四、检测报告

经两种类型谷物容量器测定玉米容重,称量得到的质量即为试样容重,单位为克每升(g/L)。两次测定结果的允许差不超过3 g/L,求其平均数即为测定结果,测定结果取整数。

第四节 高淀粉玉米中淀粉的测定

一、实验原理

试样经去除脂肪及可溶性糖后,淀粉用淀粉酶水解成小分子糖,再用盐酸水解成单糖,最后按还原糖测定,并折算成淀粉含量。

二、试样制备

将高淀粉玉米磨碎过40目筛,混合均匀后称取2~5 g(精确到0.001 g),放入漏斗中,漏斗中事先放好折叠的慢速滤纸,之后用50 mL石油醚或乙醚分5次洗除玉米中的脂肪,然后用100 mL的85%乙醇(V/V),分次完全洗去可溶性糖类(根据实际情况,适当增加85%乙醇的用量和洗涤次数,确保将干扰检测的可溶性糖类物质完全洗除)。过滤并挥干乙醇后,将残留物转入250 mL烧杯中,用50 mL水分次洗净滤纸,洗液一并转入烧杯中,将烧杯置沸水浴上加热15 min,使淀粉糊化,之后放冷至60 ℃以下,然后加入20 mL淀粉酶溶液,在55~60 ℃条件下,搅拌1 h。

用碘溶液检验淀粉是否完全水解,即取1滴水解液加1滴碘溶液,不显现蓝色为完全水解。若显现蓝色,继续沸水浴加热糊化,冷却后再加入20 mL 淀粉酶溶液,继续55~60 ℃保温,用碘溶液检验,直至不显现蓝色为止。将水解液加热至沸,冷却后转入250 mL 容量瓶中,加水至刻度,混匀后过滤,弃去初始滤液。

量取50.00 mL 滤液,置于250 mL 磨口锥形瓶中,加入5 mL 盐酸溶液(浓盐酸∶蒸馏水=1∶1),装上回流冷凝器,在沸水浴中回流1 h,冷却后加2滴甲基红指示剂,用200 g/L 的氢氧化钠溶液中和至中性;溶液转入100 mL 容量瓶中,洗涤锥形瓶,洗液一并转入100 mL 容量瓶中,加水至刻度,混匀备用。

三、标定碱性酒石酸铜溶液

吸取5.00 mL 碱性酒石酸铜甲液及5.00 mL 碱性酒石酸铜乙液,置于150 mL 锥形瓶中,加水10 mL,加入玻璃珠2~4粒,从滴定管滴加1 mg/mL 葡萄糖标准溶液约9 mL,用电炉加热锥形瓶中溶液,控制在2 min 内加热至沸,保持溶液呈沸腾状态,然后以每2 s 一滴的速度继续滴加葡萄糖标准溶液,以溶液蓝色刚好褪去为终点,记录消耗葡萄糖标准溶液的总体积,同时做3份平行实验,取其平均值,计算每10 mL(甲、乙液各5mL)碱性酒石酸铜溶液对应的葡萄糖的质量。也可以按上述方法标定4~20 mL 碱性酒石酸铜溶液(甲、乙液各半)来适应试样中还原糖的浓度变化。

四、试样溶液预测

吸取5.00 mL 碱性酒石酸铜甲液及5.00 mL 碱性酒石酸铜乙液,置于150 mL 锥形瓶中,加水10 mL,加入玻璃珠2~4粒,用电炉加热锥形瓶中溶液,控制在2 min内加热至沸,保持沸腾,以先快后慢的速度,从滴定管中滴加试样溶液,并保持溶液沸腾状态,当溶液颜色变浅时,以每2 s 一滴的速度滴定,以溶液蓝色刚好褪去为终点,记录试样溶液的消耗体积。当样液中葡萄糖浓度过高时,应适当稀释后再进行正式测定,使每次滴定消耗试样溶液的体积控制在与标定碱性酒石酸铜溶液时所消耗的葡萄糖标准溶液的体积相近,约为10 mL 。

五、试样溶液测定

吸取5.00 mL 碱性酒石酸铜甲液及5.00 mL 碱性酒石酸铜乙液,置于150 mL 锥形瓶中,加水10 mL,加入玻璃珠2~4粒,从滴定管滴加比预测体积少1 mL 的试样溶液至锥形瓶中,用电炉加热锥形瓶中溶液,控制在2 min 内加热至沸,保持沸腾状态继续以每 2 s 一滴的速度滴定,以蓝色刚好褪去为终点,记录样液消耗体积。同时做 3 份平行实验,得出平均消耗体积。

当浓度过低时,直接加入 10.00 mL 样品液,再用葡萄糖标准溶液滴定至终点,记录消耗的体积与标定时消耗的葡萄糖标准溶液体积之差,该取值相当于 10 mL 样液中所含葡萄糖的量(mg)。

六、试剂空白测定

同时量取 20.00 mL 水及与试样溶液处理时相同量的淀粉酶溶液,按反滴法做试剂空白实验。即用葡萄糖标准溶液滴定试剂空白溶液至终点,记录消耗的体积与标定时消耗的葡萄糖标准溶液体积之差,该数值相当于 10 mL 样液中所含葡萄糖的量(mg)。

七、检测报告

10 mL 碱性酒石酸铜溶液(甲、乙液各半)对应的葡萄糖的质量,单位为毫克(mg);测定用样品溶液体积,单位为毫升(mL);样品定容体积,单位为毫升(mL);测定时平均消耗试样溶液体积,单位为毫升(mL);测定用样品的定容体积,单位为毫升(mL)。以上述量设计方程求解试样中淀粉的含量,单位为毫克(mg)。在重复条件下获得的两次独立测定结果的绝对差值不得超过算术平均值的 10%。

第三章　高油玉米品质分析与检验

第一节　高油玉米的品质要求

一、玉米品质及油分

品质是产品对使用目的的适合性。对高油玉米的品质要求主要体现在营养品质、加工品质和商品品质上。玉米籽粒营养品质即玉米籽粒营养成分的含量及质量,包括蛋白质、脂肪、碳水化合物、矿物质、维生素等,具体涉及存在于蛋白质中的赖氨酸、蛋氨酸等必需氨基酸含量,涉及存在于脂肪中不饱和脂肪酸如亚油酸等含量,涉及碳水化合物中支链淀粉和直链淀粉的比例,以及 Zn、Se 等有益矿物质微量元素,As、Pb 等有害重金属元素的含量。玉米籽粒作为粮食、饲料、化工和医药的原料,其营养品质对原料及产品品质影响较大。玉米籽粒加工品质是将其深加工后得到产品所表现的品质,也被称为食用品质或适口性。因此玉米籽粒品质好,产品适口性好,就具备良好的食用价值,普遍意义上来说才是高营养食品。玉米籽粒的商品品质,包括产品的物理形状及表观性状,即色泽、整齐度、容重等,以及是否存在化学物质的污染等。

玉米油是油脂中最优等的食用油,被称为"健康营养油"。每克玉米油可提供9 000 cal[①] 的能量,几乎是淀粉或蛋白质提供能量的两倍。玉米油成分包含亚油酸60.0% ~65.0% ,油酸24.4% ,棕榈酸8.0% ~12.7% ,硬脂酸1.0% ~2.0% ,亚麻酸1.0% ~1.5% ;其中油酸和亚油酸是人体必需的脂肪酸,含量占80%以上,油酸和亚油酸在人体内吸收率达97% ,玉米油还含有较丰富的维生素 E,维生素 E 含量居各类油脂之冠。由于玉米油中维生素 E 及不饱和脂肪酸特别是亚油酸的含量很高,亚油酸比花生油及大部分植物油高9% ~50% ,使其具有降低血管中胆固醇、

---

① 　1 cal = 4.186 8 J。

软化血管、抗衰老和美容等功效,对预防血管硬化、高血压、心脏病和糖尿病均有显著作用。此外,玉米油中还含有维生素 A,能起到预防夜盲症、皮肤炎、支气管扩张及癌症的作用;含有的谷固醇和卵磷脂,具有预防皮肤干燥、抗哮喘、降低胆固醇、增强记忆力的作用。

二、高油玉米特点

玉米籽粒中含油量比普通玉米高 50% 以上的玉米类型被称为高油玉米。高油玉米是经人工育种获得的一种玉米新类型,其产量与普通玉米产量相近。高油玉米的特点是籽粒含油量高、品质好,以及蛋白质、赖氨酸和维生素 A 含量高,是优良的饲料原料和工业原料。高油玉米一般含油量为 7% ~ 10% ,而普通玉米的含油量为 4% ~ 5%。高油玉米籽粒脂肪酸组分中含人体必需的亚油酸,油酸和亚油酸总量在 80% 以上,高油玉米具有经济和营养的双重价值,可广泛用于油料、粮食和饲料。1896 年美国便开展高油玉米的选育工作,选育出一批籽粒含油量高达 7% ~ 8%、产量高且抗逆性强的新品种。我国系统开展高油玉米育种工作从 20 世纪 80 年代开始,选育出一批高油含量新品种并得到大面积推广。高油 115 品种含油量为 8.8% ,超过普通玉米近 1 倍,在国内推广面积较大;高油 298 品种是农业农村部"跨越计划"中核心技术的主要品种,在黑龙江省得到大面积推广。具有独立知识产权的北农大高油(BHO)籽粒油分含量为 15.55%。

高油玉米的特点是胚大、发育早且快。高油玉米胚/粒比大,具有较大的胚面,由于玉米油 85% 集中在胚中,因而胚含油量高;玉米胚的蛋白质含量是胚乳含量的 1 倍,蛋白质组成也有所不同。玉米胚中赖氨酸和色氨酸含量比胚乳中高 2 ~ 3 倍。有研究发现,玉米籽粒的含油量与蛋白质含量具有较低的相关性;胚的大小决定了含油量的高低;含油量与产量之间呈负相关性;环境因子可显著影响含油量;含油量的遗传变异性不减。

玉米果穗不同部位籽粒的脂肪酸含量也不同,果穗中部籽粒含油量高,其次为底部,顶部含量最低。玉米果穗不同部位的籽粒脂肪酸组成也有一定差异,果穗顶部籽粒中棕榈酸和亚油酸的含量高于底部,而油酸含量低于底部。

三、玉米油分的合成

玉米种子内部的储存脂肪酸主要以中性脂肪酸为主,是由甘油和长链单羧酸酯化形成的甘油三酯或三酰甘油,甘油三酯储藏物多以离散的亚细胞器形式——油体存在。脂肪酸以三酰甘油为主要形式储存于种子内,其主要构成:碳链长度在16 ~ 18 碳,其碳氢链上含有 1 ~ 3 个双键的脂肪酸。常见的脂肪酸有棕榈酸(C16:0)、硬脂酸(C18:0)、油酸(C18:1)、亚油酸(C18:2)和亚麻酸(C18:3)等。油脂的合成途径是一个非常复杂的生化反应过程,涉及一系列前后关联的多酶体系网络。脂肪酸的生物合成途径是月桂酸(C12:0)→豆蔻酸(C14:0)→软脂酸(C16:0)→硬脂酸(C18:0)→油酸(C18:1)→亚油酸(C18:2)。

　　脂肪代谢主要在质体和内质网中进行。首先在种子的发育过程中,蔗糖是合成脂肪酸的主要碳源,从光合作用的器官转运到种子细胞中,通过糖酵解途径依次生成磷酸己糖、磷酸丙糖、磷酸烯醇式丙酮酸、丙酮酸等物质,它们被运输到质体,或进入线粒体生成苹果酸再转运到质体。其中,丙酮酸在脱氢酶(PDH)的作用下,生成乙酰辅酶 A(乙酰 CoA),这便是脂肪酸合成的前体物,而三酰甘油(TAG)合成的骨架成分甘油 3 - 磷酸也是通过糖酵解的中间产物合成的。

　　脂肪酸合成由乙酰 CoA 开始,即在质体中经乙酰 CoA 羧化酶的催化,将乙酰CoA 转变为丙二酸单酰 CoA,然后进入聚合反应,以每次循环增加两个碳的频率合成酸基碳链,主要分为两个阶段:第一阶段为酰基转移阶段,第二阶段为循环阶段。丙二酸单酰 CoA 为底物,在酶的催化下进行连续的酰基载体蛋白(acyl carried proteins,ACP)结合,以保护其不受代谢途径中多种酶的侵蚀,经过数次缩合、还原、脱水、再还原过程循环聚合反应后,终止聚合的不同碳链长度的酰基 - ACP 复合物在酰基 CoA 合成酶的作用下合成酰基 CoA,并从质体转运到内质网或胞质中。利用贮存在胞质中的酰基 CoA 通过甘油 3 - 磷酸酰基转移酶、溶磷脂酸酰基转移酶和二酰甘油酰基转移酶这三种不同的酰基转移酶,分别在甘油上附连脂肪酸以合成三酰甘油酯。

四、玉米油分积累特点

　　油分积累可分三个阶段:第一阶段,籽粒含水率高,且大量积累碳水化合物,为脂肪的形成和积累做物质准备;第二阶段,油分快速积累;第三阶段,油分只有少量增加,水分损失。绝大多数学者认为玉米籽粒油分的积累呈"S"形曲线。高油玉米授粉后含油率的变化趋势表明,胚及籽粒内的含油量最大值出现于玉米生理成熟期,此时籽粒干物质停止积累,而籽粒含油率的最大值出现在授粉后 45 ~ 48 d,胚的含油率最大值在授粉后 25 ~ 28 d,而后含油量的提高主要是胚持续增大的缘故。依利诺斯高油玉米(IHO)授粉后 24 d 左右为积累高峰,在玉米籽粒发育的早期,油分多集中在胚乳中,在授粉 20 d 后,油分主要集中于胚中。高油玉米 Alexho籽粒生长期间,在授粉后前 7 d,Alexho 油分积累很少,之后随籽粒的生长,含油量迅速增加,进入线性增长阶段,35 d 后增长缓慢,成熟时含油量略有下降。研究人员对玉米籽粒油分的积累也有不同发现,高油 1 号和高油 6 号在授粉后 0 ~ 7 d 和成熟前一周之后,高油玉米籽粒含油量有两次下降过程。高油 1 号玉米籽粒发育过程中,其含油率分别于授粉后 21 d 和 35 d 出现两次峰值,且在成熟期有下降过程;对于授粉后 21 d 左右的峰值,认为是由此阶段籽粒干物质的迅速积累导致了含油率的降低,从而出现峰值,授粉 35 d 左右干物质积累速度降低,而脂肪绝对量的增加又导致了含油率的上升。不同类型品种相比较,高油品种油分积累、高淀粉品种淀粉积累的高峰期略晚于普通型。

五、玉米油分的相关性研究

关于籽粒产量与籽粒含油量方面的研究,不同的学者形成了两种不同的观点。一种观点认为籽粒产量与含油量呈负相关,Misevic 和 Eironby 长期研究的结果确认了这一观点,而 Raman、霍仕平、宋同明等人也持相同观点;另一种关于籽粒产量与含油量相关性的观点认为,在一定范围内含油量的提高不会造成减产。中国农业大学等单位培育出一系列高油且高产的品种,南京农业大学利用从中国农业大学引进的高油玉米自交系和自育普通玉米自交系选育的高油玉米杂交种玉油 1 号,具有高产、优质、多抗等特点。可见,随着栽培技术的发展,玉米同时具备高产与高含油量并不矛盾。

关于玉米籽粒含油量与植株其他性状关系方面的研究,不同学者也存在着不同的观点。Alexander 认为,高油玉米籽粒的含油量与籽粒产量、蛋白质含量及抗病性无相关关系。Berke 认为,影响玉米油分含量的基因,也同时影响着籽粒密度、淀粉和蛋白质的含量;增加胚体积、减少胚乳体积、抑制淀粉和蛋白质的合成,可提高籽粒的含油量。Miller 和 Brimhall 发现玉米中总油分含量变异与总蛋白质含量不相关,但与胚中蛋白质含量和籽粒中色氨酸含量呈正相关,这也是高油玉米被用作改良的动物饲料的原因之一。R. Raman 等人认为含油量与产量、株高、穗位高、穗长、穗粗呈正相关。Sung 研究发现籽粒含油量与籽粒含水量有关,含油量为 7% 玉米品种在收获时,其籽粒含水量显著高于同期达到生理成熟时含油量为 4.5% 的玉米品种含水量。Misevic 等研究含油率分别为 5%、7%、9% 3 个水平的 9 个杂交种籽粒的脱水速率,发现籽粒含油率与收获时籽粒含水率呈正相关,含油率高的品种成熟后,籽粒的脱水速率慢,收获时籽粒含水率高。

第二节　玉米类型及互混检验

一、外形特征检验

互混检验:称取净玉米 10 g,按照相关的分类规定,拣出混入其中的异类型粒,称取其质量。

异色粒互混检验:准确称取试样质量(小样质量取 100 g,大样质量取 500 g),在检验不完善粒的同时,按玉米的质量标准规定拣出混有的异色粒,称取其质量。

粒色鉴别:不加挑选地随机按取样要求取出 100 粒玉米完整粒,按 GB 1353—2018《玉米》中玉米的分类进行感官鉴别玉米粒色。

异种粮粒互混检验:按照 500 g 规定制备玉米试样并称量,拣出玉米中混有的异种粮粒并称量。注意:当互混的粮食颗粒大小相差较大时,可适当增加试样量。

杂质、不完善粒、霉变粒含量检验:按 GB/T 5494—2019《粮油检验　粮食、油料的杂质、不完善粒检验》执行。对于不完善粒中的生霉粒检验,在以下情况不应判定为生霉粒:轻擦霉斑部分,霉状物可擦掉且擦掉后种皮无肉眼可见痕迹的颗粒;粒面被其他污染物污染形成斑点的颗粒;破损部位黏附其他污染物的颗粒;冠部留有花丝脱落留下的痕迹,即肉眼可见小黑点的颗粒;因病害产生斑点的颗粒。

二、角质、粉质检验

在透射光下观察玉米籽粒,或将玉米籽粒从中部横向切断观察断面,籽粒或断面中玻璃状透明体和半透明体的状态为角质,粉状不透明体的状态为粉质。

三、染色检验

不加挑选地随机按取样要求取出 200 粒完整玉米粒,将玉米粒用清水洗涤,之后再用0.1% 碘 - 乙醇溶液浸泡 1 min,再用蒸馏水将其洗净,观察玉米粒的着色状态。糯性玉米粒呈现棕红色,非糯性玉米粒呈现蓝色,统计混有异类型粒的粒数。

四、果皮厚度

(一)千分尺法

取 3 个果穗,去除苞叶,在果穗中部剥下完整无损的籽粒约 45 粒,并立即放置于 -20 ℃低温保存。待完全冻结之后,取其中 10 粒暂放冰盒之中,在确保籽粒仍处于冰冻条件下,用刀片迅速切掉籽粒的冠部和基部,保留籽粒宽度为 3 mm 的中间部分,然后在胚侧顺着冠部到基部的方向轻轻切一刀,确保刀片没有挤压到背胚侧果皮,让果皮在此面划开,用镊子小心去除剩余的胚及胚乳,留下果皮。最后架起螺旋测微器,用镊子将果皮置于测量位置,然后慢慢夹紧背胚侧的中部,在听到"啪"一声后记录数据。

取出 3 ~ 5 个果穗,从每穗中部发育比较相近的部位中取出玉米籽粒 5 粒,利用解剖刀切下靠籽粒顶端 1/3 处的部分,置于丙三醇 - 水混合液(丙三醇与水比例为 3∶1)中浸泡 24 h,取出放进内有定性滤纸的培养皿中,晾干 24 h,用镊子将果皮、种皮、胚乳等剥离。

(二)冰冻切片法

从 -20 ℃冰箱中取 5 颗完整的籽粒,暂存于冰盒。用粗头镊子夹住籽粒的基部略靠下的位置,然后趁其还处于冰冻状态时迅速横切冠部约 3 mm 的组织,并浸于液氮中 3 s,立即用提前在液氮中预冷的刀片快速地在其背胚侧切下厚度约 100 μm 的果皮组织,趁刀片尚处低温状态,立即倾侧刀片以使果皮粘于载玻片上,再使用解剖针扶正果皮使其横截面紧贴载玻片,再用 I_2 - KI 试剂染色 3 s,盖上盖玻片,用纯水轻轻冲洗,尽量避免果皮侧翻,放置于显微镜下观测,用显微测微尺测量,记录数据。

五、检测报告

以异类型粒玉米的质量,单位为克(g),与试样质量,单位为克(g)之比计算互混率。以异色粒玉米的质量,单位为克(g),与试样质量,单位为克(g)之比计算异色粒率。以异种粒玉米的质量,单位为克(g),与试样质量,单位为克(g)之比计算异种粒率。以异类型粒数,与试样粒数 200 之比计算糯玉米和非糯玉米染色检验互混率。

第三节　高油玉米中脂肪的测定

一、索氏抽提法测定游离态脂肪

（一）实验原理

脂肪易溶于有机溶剂，试样直接用无水乙醚或石油醚等溶剂抽提后，蒸发除去溶剂，干燥后得到游离态脂肪的含量。

（二）试样处理

将固体试样充分混匀，称取 2 ~ 5 g（准确至 0.001 g），经研钵研磨粉碎后，全部移入滤纸筒内，研钵中残留的试样用沾有乙醚的脱脂棉擦净，将棉花一同放入滤纸筒内。对于液体或半固体试样，将试样充分混匀，称取试样 5 ~ 10 g（准确至 0.001 g），置于蒸发皿中，再加入约 20 g 石英砂，置于沸水浴上蒸干，之后在 100 ℃的电热鼓风干燥箱中干燥 30 min，取出后研细，全部移入滤纸筒内。将蒸发皿及玻璃棒上粘有的试样，用沾有乙醚的脱脂棉擦净，将棉花一同放入滤纸筒内。

（三）抽提

将滤纸筒放入索氏抽提器的抽提筒内，注意滤纸筒的高度要低于索氏抽提器虹吸管的高度，然后连接接收瓶，接收瓶提前干燥至恒重。抽提管上部连接好冷凝管，然后从冷凝管上端加入无水乙醚或石油醚至接收瓶容积的 2/3 处，将接收瓶置于水浴锅中加热，抽提脂肪 6 ~ 10 h，抽提速度为无水乙醚或石油醚从抽提器虹吸管回流每小时 6 ~ 8 次。提取结束时，用磨砂玻璃棒接取 1 滴提取液，磨砂玻璃棒上无油斑证明提取完毕。

（四）称量

回收无水乙醚或石油醚，待接收瓶内有机溶剂剩余 1 ~ 2 mL 时，将接收瓶取下，在水浴上蒸干，之后置于电热鼓风干燥箱中 100 ℃干燥 1 h，放入干燥器内冷却 0.5 h 后称量。重复以上操作直至恒重（前后两次称量的差值不大于 2 mg）。

（五）检测报告

恒重后接收瓶和脂肪的质量，单位为克（g）；接收瓶的质量，单位为克（g）；试样的质量，单位为克（g）。以上述量设计方程求解试样中脂肪的含量，单位为克每百克(g/100 g)。在重复条件下获得的两次独立测定结果的绝对差值不得超过算术平均值的10%。

二、酸水解法测定总脂肪

(一)实验原理

食品中的结合态脂肪必须用强酸才能使其游离出来,游离出的脂肪易溶于有机溶剂。试样经盐酸水解后用无水乙醚或石油醚提取,除去溶剂即得游离态和结合态脂肪的总含量。

(二)试样酸水解

准确称取粉碎后混合均匀的试样 2~5 g(准确至 0.001 g),置于 50 mL 试管内,加入 8 mL 水,混匀后再加 2 mol/L 盐酸溶液 10 mL。将试管放入 70~80 ℃水浴中,每隔 5~10 min 用玻璃棒搅拌 1 次,至试样消化完全为止,最后水浴加热40~50 min。

(三)抽提

取出试管后,向其中加入 10 mL 乙醇,混合混匀,冷却,将混合物移入 100 mL 具塞量筒中,以 25 mL 无水乙醚分数次冲洗试管,溶液一并倒入量筒中。待无水乙醚全部倒入量筒后,加塞振摇 1 min,小心开塞,放出气体,再塞好,静置 12 min,小心开塞,并用无水乙醚冲洗塞及量筒口附着的脂肪。静置 10~20 min,待上部液体清晰,吸出上清液于已恒重的锥形瓶内,再加 5 mL 无水乙醚于具塞量筒内,振摇,静置后,仍将上层乙醚吸出,放入原锥形瓶内。

(四)称量

将锥形瓶内有机溶剂通过水浴蒸干,之后置于电热鼓风干燥箱中 100 ℃干燥 1 h,放入干燥器内冷却 0.5 h 后称量。重复以上操作直至恒重(前后两次称量的差值不大于 2 mg)。

(五)检测报告

恒重后锥形瓶和脂肪的质量,单位为克(g);锥形瓶的质量,单位为克(g);试样的质量,单位为克(g)。以上述量设计方程求解试样中脂肪的含量,单位为克每百克(g/100 g)。在重复条件下获得的两次独立测定结果的绝对差值不得超过算术平均值的10%。

第四节　高油玉米中脂肪酸的测定

一、实验原理

（一）内标法实验原理

加入内标物的试样经水解，再用乙醚溶液提取其中的脂肪后，在碱性条件下皂化和甲酯化，生成脂肪酸甲酯，经毛细管柱气相色谱分析，用内标法定量测定脂肪酸甲酯含量。依据各种脂肪酸甲酯含量和转换系数计算出总脂肪、饱和脂肪（酸）、单不饱和脂肪（酸）、多不饱和脂肪（酸）含量。

（二）外标法实验原理

试样经水解，再用乙醚溶液提取其中的脂肪后，在碱性条件下皂化和甲酯化，生成脂肪酸甲酯，经毛细管柱气相色谱分析，用外标法定量测定脂肪酸的含量。

二、试样的制备

在采样和制备过程中，应避免试样污染。固体试样使用研磨机或万能粉碎机粉碎，半固体试样使用组织捣碎机捣碎，液体试样使用匀浆机打成匀浆，在 -18 ℃以下冷冻保存，分析前将其解冻后使用。

三、试样前处理

（一）试样的称取

内标法试样的称取：称取内含脂肪 100 ~ 200 mg 的均匀试样 0.1 ~ 10 g（精确至 0.000 1 g），转移到 250 mL 平底烧瓶中，向其中准确加入 2.0 mL 十一碳酸甘油三酯内标溶液，之后加入焦性没食子酸约 100 mg，加入沸石及 2 mL 的 95% 乙醇、4 mL水，混合均匀。

根据实际工作需要选择内标物，对于组分不确定的试样，第一次检测时不应加内标物。观察在内标物峰位置处是否有干扰峰出现，如果存在，可依次选择十三碳酸甘油三酯或十九碳酸甘油三酯或二十三碳酸甘油三酯作为内标物。

外标法试样的称取：称取内含脂肪 100 ~ 200 mg 的均匀试样 0.1 ~ 10 g（精确至 0.000 1 g），转移到 250 mL 平底烧瓶中，加入焦性没食子酸约 100 mg，加入沸石及 2 mL 的 95% 乙醇,混合均匀。

(二)试样的水解

向平底烧瓶中加入盐酸溶液 10 mL,混合均匀。再将平底烧瓶放入 70~80 ℃水浴中水解 40 min。每隔 10 min 振荡烧瓶,将烧瓶壁上黏附的颗粒物经振荡混入溶液中。水解完成后,将烧瓶从水浴中取出,冷却至室温。

(三)脂肪提取

水解后的试样,加入 95% 乙醇 10 mL,混合均匀,然后将烧瓶中的水解液转移到分液漏斗中,用 50 mL 乙醚 - 石油醚混合液(二者等体积混合)分数次冲洗烧瓶和塞子,并将冲洗液全部转入分液漏斗中,将分液漏斗加盖,振摇 5 min 后静置10 min。将醚层提取液收集到 250 mL 烧瓶中。按照以上步骤重复提取水解液 3次,再用乙醚 - 石油醚混合液数次冲洗分液漏斗,收集冲洗液并入 250 mL 烧瓶中。使用旋转蒸发仪将烧瓶中提取液浓缩至干,残留物即为脂肪提取物。

(四)脂肪的皂化和脂肪酸的甲酯化

将 8 mL 的 2% NaOH - 甲醇溶液加入脂肪提取物中,之后连接回流冷凝器,于80 ℃水浴回流至油滴消失。再从回流冷凝器上端加入 7 mL 的 15% 三氟化硼 - 甲醇溶液,于 80 ℃水浴中继续回流 2 min。用少量水冲洗回流冷凝器后停止加热,将烧瓶从水浴中取出,并迅速冷却至室温。

向烧瓶中准确加入 10~30 mL 正庚烷,振摇 2 min,之后加入饱和 NaCl 水溶液,使溶液静置分层。吸取上层正庚烷提取液约 5 mL,加入 25 mL 试管中,之后再加入3~5 g 无水硫酸钠,振摇 1 min 后静置 5 min,吸取上层溶液,转入进样瓶中,待测定。

四、气相色谱测定

(一)色谱参考条件

取单个脂肪酸甲酯标准溶液和脂肪酸甲酯混合标准溶液分别注入气相色谱仪,对色谱峰进行定性。毛细管色谱柱为聚二氰丙基硅氧烷强极性固定相,柱长为100 m,内径为 0.25 mm,膜厚为 0.2 μm。进样器的温度为 270 ℃,检测器的温度为280 ℃。采用程序升温方式:初始温度为 100 ℃,在此温度下保持 13 min;之后 100~180 ℃,升温速率为 10 ℃/min,保持 6 min;然后 180~200 ℃,升温速率为 1 ℃/min,保持 20 min;最后 200~230 ℃,升温速率为 4 ℃/min,保持 10.5 min。载气为氮气,分流比为 100:1,进样体积为 1.0 μL,检测条件应满足理论塔板数至少 2 000 块/米,分离度至少为 1.25。

（二）试样测定

在上述色谱条件下将脂肪酸标准测定液及试样测定液分别注入气相色谱仪，以色谱峰峰面积定量。

五、检测报告

（一）内标法

脂肪酸甲酯 i 的响应因子，F_i；试样中脂肪酸甲酯 i 的峰面积，A_i；试样中加入的内标物十一碳酸甲酯峰面积，A_{C11}；十一碳酸甘油三酯浓度，单位为毫克每毫升（mg/mL）；试样中加入十一碳酸甘油三酯体积，单位为毫升（mL）；十一碳酸甘油三酯转化成十一碳酸甲酯的转换系数 1.006 7；试样的质量，单位为毫克（mg）。以上述量设计方程求解试样中单个脂肪酸甲酯 i 的含量，单位为克每百克（g/100 g）。

单饱和脂肪酸含量，单位为克每百克（g/100 g）；单饱和脂肪酸甲酯含量，单位为克每百克（g/100 g）；脂肪酸甲酯转化成脂肪酸的系数 $F_{FAMEi-FAi}$。以上述量设计方程求解试样中饱和脂肪（酸）的含量，单位为克每百克（g/100 g）。

试样中每种单不饱和脂肪酸含量，单位为克每百克（g/100 g）；每种单不饱和脂肪酸甲酯含量，单位为克每百克（g/100 g）；脂肪酸甲酯 i 转化成脂肪酸的系数 $F_{FAMEi-FAi}$。以上述量设计方程求解试样中单不饱和脂肪（酸）含量，单位为克每百克（g/100 g）。

试样中单个多不饱和脂肪酸含量，单位为克每百克（g/100 g）；单个多不饱和脂肪酸甲酯含量，单位为克每百克（g/100 g）；脂肪酸甲酯转化成脂肪酸的系数 $F_{FAMEi-FAi}$。以上述量设计方程求解试样中多不饱和脂肪（酸）含量，单位为克每百克（g/100 g）。

试样中单个脂肪酸甲酯 i 含量，单位为克每百克（g/100 g）；脂肪酸甲酯 i 转化成甘油三酯的系数 $F_{FAMEi-TGi}$。以上述量设计方程求解试样中总脂肪含量，单位为克每百克（g/100 g）。

（二）外标法

试样测定液中各脂肪酸甲酯的峰面积，A_i；在标准测定液的制备中吸取的脂肪酸甘油三酯标准工作液中所含有的标准品的质量，单位为毫克（mg）；各脂肪酸甘油三酯转化为脂肪酸的换算系数 $F_{TGi-FAi}$；标准测定液中各脂肪酸的峰面积 A_{si}；试样的称样质量，单位为毫克（mg）。以上述量设计方程求解试样中各脂肪酸的含量，单位为克每百克（g/100 g）。

第四章 甜玉米品质分析与检验

第一节 甜玉米的品质要求

一、甜玉米的分类

甜玉米（*Zea mays L. saccharata Sturt*）是一年生禾本科草本植物，是玉米属（*Zea mays L.*）的一个亚种，即甜质型玉米亚种。考古学和遗传学研究表明，甜玉米起源于美洲大陆，具有含糖胚乳的甜玉米存在于前哥伦比亚时期的中美洲和南美洲。目前，全球的主要甜玉米产区有非洲、拉丁美洲的巴西和阿根廷、亚洲的中国和印度、美国及墨西哥。2014 年，全世界甜玉米种植面积 158.71 万公顷，总产量 1 471 万吨。美国和中国甜玉米种植面积位列世界前 2 位，分别为 40 万公顷和 33.3 万公顷。全世界甜玉米罐头和甜玉米食品的年生产量超过 40 万吨。

甜玉米与普通玉米的本质差别在于，甜玉米携带影响玉米籽粒碳水化合物代谢的一个或几个胚乳隐性突变体基因，通过这些基因改变灌浆和乳熟期胚乳中糖分的组成及性质，不同程度地减少淀粉的比例，增加可溶性糖的含量，改变玉米籽粒的食用品质。甜玉米依据遗传基因型的不同分为普通甜玉米、超甜玉米、加强甜玉米、准超甜玉米、半加强甜玉米。下面介绍普通甜玉米、超甜玉米和加强甜玉米。

（一）普通甜玉米

普通甜玉米也称传统甜玉米或标准甜玉米，含糖量为 10% 左右，比普通玉米高 1 倍。普通甜玉米是由玉米第四染色体上的 su1 基因发生突变引起的玉米胚乳缺陷类型，su1 这一隐性突变基因能够使甜玉米乳熟期的籽粒中积累大量的水溶性多糖（WSP）。乳熟期普通甜玉米的 WSP 含量可高达 30% 以上，是普通玉米的 10 倍以上。WSP 的主要成分是一种称为植物糖原的物质，是玉米所特有的一种碳水化合物。su1 基因位于第四条染色体上的 8 ~ 66 位点。自该位点后又发现了等位基因 su1-am、su1-Bn2、su1-cr、su1-st 和 su1-R。su1 基因作用的酶机制还未完全清楚,但其作用结果早已被人们熟悉。su1 基因对玉米籽粒主要有两方面的重要影响:一是提高乳熟期胚乳的含糖量,在授粉 18 d 后,糖分含量可达胚乳干物质重的 15%,相当于普通玉米的 2.5 倍;二是 su1 基因改变了胚乳淀粉的组成,它把支链淀粉大部分转换成较小而易溶于水的 WSP,因而使普通甜玉米拥有了独有的风味。

普通甜玉米可作为青嫩玉米直接食用或加工,也可加工成耐贮存的粒状或糊状罐头食品。普通甜玉米最明显的缺点就是不耐贮存,维持食用品质时间短,采后转化为淀粉的速度快,因此种植甜玉米时一定要严格掌握好采收期。对于甜玉米品质的评价指标往往通过风味、甜度、果皮薄厚及柔嫩性等判断其优劣。甜玉米果穗长度在 16 cm 以上,籽粒大而饱满,光泽度好,粒色一致,行排列整齐,结实性好,易被消费者青睐。

(二)超甜玉米

超甜玉米是指受 sh1、sh2、bt1、bt2 等单、双、三基因控制的突变体,成熟时籽粒有皱缩、脆甜等特性,乳熟期可溶性糖含量达 15% 以上的一种甜玉米类型。sh 基因的作用主要是降低或控制籽粒淀粉合成,增加籽粒蔗糖含量,提高可溶性糖。超甜玉米不积累 WSP,它的蔗糖含量和可溶性糖含量分别在 20% 和 30% 以上,蔗糖含量为普通甜玉米的 3~5 倍,可溶性糖含量为普通籽粒玉米的 10 倍以上。脆甜玉米是受 bt 基因控制的玉米类型,bt 基因的作用也是能提高蔗糖和还原糖含量,显著降低玉米籽粒淀粉的合成速度。bt 基因同样不积累 WSP,目前对脆甜玉米的研究利用较少。

甜玉米中的 sh1 或 sh2 基因突变体导致甜玉米胚乳中淀粉含量进一步降低,可溶性糖的含量显著增加。sh1 或 sh2 突变体胚乳乳熟期籽粒全糖量可达 34.3%,这种甜玉米的籽粒顶部具有独特的大皱折和塌陷的外貌。sh1 甜玉米籽粒呈扁平状,表面光滑;sh2 甜玉米籽粒表面粗糙,形状似波浪样;sh4 籽粒类似 sh1,为粉质,部分籽粒胚发育不良。bt 突变体基因控制的甜玉米籽粒顶部凹陷,色泽暗不透明,籽粒的形状扭曲不规则,干籽粒胚乳易碎。

对于超甜玉米,剥去苞叶即可生食,且皮薄、柔嫩、糖度高,清甜爽口不腻人。鲜果穗一般可生食或煮熟,或速冻保鲜后上市,一般不用其加工成罐头食品。对于超甜玉米品质的评价指标要求更侧重于果皮要薄、柔嫩性要好。在种植方面,不能将 sh2 基因和 bt2 基因控制的超甜玉米种植在一起,如相互产生串粉,籽粒相反会变得不甜。

(三)加强甜玉米

加强甜玉米是指含有 se 胚乳突变基因的甜玉米,是以普通甜玉米为基础,再引入一个双隐性的加甜基因,对主效基因起加强或修饰作用,而培育成的一种全新的使籽粒食用品质得到进一步改善和提高的品种。

se 基因位于第 4 染色体长臂上,se 基因不能独立起作用,只对 sul 隐性纯合体起影响作用,可以明显提高普通甜玉米基因突变型玉米的籽粒糖分含量,抑制可溶性糖转化为淀粉,维持 WSP 高含量的持续时间,间接降低类胡萝卜素的合成速率。se 基因剂量效应明显,sulse 基因玉米的总糖含量达到超甜玉米的水平,而 WSP 又达到了普通甜玉米的水平。含有 20% ~30% WSP 和较多的山梨糖和麦芽糖,兼具了普通甜玉米和超甜玉米的优点。其一,加强甜玉米含糖量高,乳熟期的糖分含量可达干物重的 30% 以上,与 sh2 基因作用的超甜玉米含糖量相近。其二,加强甜玉米风味好,WSP 是影响甜玉米风味的主要因素,加强甜玉米的 WSP 含量为 20% ~30%,因而产生最佳风味。其三,加强甜玉米货架期长,在采收后,籽实向老熟期转变过程中虽然糖分向淀粉转化,但在常温下放置 48 h,其糖分含量仍高于新鲜普通甜玉米的糖分含量。其四,收获期跨度大,要求不严,在授粉后第 18 ~30 d 采收均具有良好效果。授粉后 45 d,普通甜玉米和超甜玉米由于脱水收缩,糖分含量低于 4%,但加强甜玉米含水量超过 50%,糖分含量约为 15%,此时仍具有较好的加工效果。其五,加强甜玉米满足所有普通甜玉米加工产品的质量要求,加工产品质量好,因含糖量高、风味好、货架期长等优点可加工成更多新类型产品。其六,种子繁殖比较容易,发芽率和苗期长势好,远优于超甜玉米,接近普通甜玉米。因此,加强甜玉米相对于甜玉米的其他品种具有十分广阔的发展前景。

加强甜玉米风味好,甜度较好,籽粒带有黏性,柔嫩度高,最适采收期较长,达到普通玉米的所有加工品质标准,适宜鲜食,以及做成整粒速冻产品或加工成罐头食品等,利用途径较广,开发前景更广阔。

二、甜玉米的品质特点

甜玉米营养丰富,具有香、甜、脆、嫩等特点,深受人们的喜爱。甜玉米可以满足人们对高品质生活的需求。甜玉米的品质主要包括口感、风味、香味、甜度、脆性、柔嫩度和多汁性。不同类型的甜玉米品质差异较为明显。与其他类型玉米相比甜玉米最突出的特点就是含糖量高。在授粉后 20 d,此时为主要食用期,糖玉米干全粒由 15.6% 总糖、22.8% WSP 和 28% 淀粉组成,其中野生型玉米胚乳为 5.9% 总糖、2.8% WSP 和 66.2% 淀粉。

甜度和柔嫩度是甜玉米更受消费者关注的品质。糖类是决定甜玉米籽粒品质的重要指标之一。甜玉米中含有较多的糖类物质(单糖、双糖和多糖)。根据糖类的还原性,分为还原糖和非还原糖。还原糖包括果糖、葡萄糖、蔗糖、可溶性多糖等。多糖根据溶解度的不同,分为可溶性多糖和非可溶性多糖。普通玉米中一般不含 WSP,而在甜玉米胚乳中含有大量 WSP,使甜玉米口感良好。在甜玉米 WSP 中蔗糖含量最高,为总糖含量的 62%～77%,葡萄糖含量为 12%～23%,果糖含量为 10%～14%。有研究表明,WSP 和淀粉的比值是影响甜玉米口感或质地的重要决定因素,WSP 含量较高,甜玉米有较高的奶油品质,口感嫩滑、香味浓郁,风味独特。有研究发现,甜玉米籽粒的柔嫩度与果皮厚度显著负相关。对玉米浆流变性研究表明,随着甜玉米成熟度提高、假塑性降低、表观黏度下降,嫩度与总接受度相关性更高于多汁性和风味。

甜玉米中的营养成分优于普通玉米,在相关研究中发现,甜玉米籽粒中蛋白质含量也较高,一般在 13% 以上,比普通玉米高 3%～4%。其主要原因是甜玉米水溶性蛋白和醇溶性蛋白较少,且含有少量的碱溶性蛋白和盐溶性蛋白。甜玉米氨基酸总量较高,比普通玉米和糯玉米分别高 23.20% 和 12.70%,相当于高赖氨酸玉米的赖氨酸含量水平,而籽粒中还有较高的谷氨酸、苏氨酸、亮氨酸,8 种人体必需氨基酸总量也比普通玉米和糯玉米分别高出 23.50% 和 6.60%。甜玉米籽粒中的粗脂肪含量达 9.90%,比普通玉米和糯玉米高出 1 倍左右。而甜玉米淀粉含量大大低于普通玉米,为 10%～15%。

此外,甜玉米含有丰富的叶酸、类胡萝卜素,含有谷胱甘肽、叶黄素、玉米黄质和微量元素硒等具有抑制肿瘤的作用,可用于部分癌症的预防,对人类健康有积极影响。甜玉米还含有多种矿物质和维生素,富含不饱和脂肪酸,含有膳食纤维、谷维素、甾醇等,阿魏酸、对香豆酸等酚酸类成分往往集中在甜玉米果皮半纤维素中。

三、甜玉米籽粒的结构

甜玉米作为饲料玉米的变种,与其他类型玉米相比在籽粒结构上区别不大,而籽粒的含水量是最主要的区别。甜玉米的主要结构由花梗、果皮、胚芽与薄壁组织构成。花梗是一种连接籽粒与玉米棒的硬纤维组织。顶部宽大、尾部狭小的甜玉米籽粒通过花梗紧紧地、排列有序地连接在甜玉米棒上,形成甜玉米穗。甜玉米籽粒的最外层是果皮,果皮是种皮的一部分。甜玉米是典型的颖果,由子房壁发育而成的果皮和内珠被发育而成的种皮,二者不易分离。甜玉米的果皮由外果皮、中果皮与一层或多层细胞构成。果皮过厚会影响甜玉米的适口性、品质及口感,过薄则籽粒在灌浆后直到收获这个阶段容易破裂,感染病菌遭受虫害,从而降低种子芽率。甜玉米籽粒种皮的厚度决定了其口感的嫩度,嫩度是衡量甜玉米籽粒品质的一个重要指标。由于甜玉米的外果皮厚度仅为 25～30 μm,比其他玉米品种都薄,因而赋予了甜玉米良好的嫩度。

甜玉米胚由胚芽鞘、胚芽、盾片、根基和胚根鞘组成,倾斜地位于甜玉米籽粒的基部,以及籽粒宽边的中下部面向果穗的顶端,被果皮和胚乳细胞包裹。甜玉米胚约占甜玉米籽粒体积的 15%,占甜玉米籽粒质量的 11.5%～14%。栽培的环境及条件会影响甜玉米胚的大小,导致一些甜玉米品种的胚质量较低,仅占籽粒质量的5%。薄壁组织是甜玉米籽粒中最大的组织,甜玉米的薄壁组织主要是由胚乳及位于胚乳外围的糊粉层组成的。在甜玉米的薄壁组织中含有甜玉米籽粒的大多数营养物质,如糖类、淀粉及水溶性维生素等。

四、甜玉米籽粒的成分累积

甜玉米主要有三个采收期,其采收期的不同决定了甜玉米的不同用途。甜玉米糖分累积受环境条件和基因型的双重影响。采收过早则籽粒水分多,糖分积累少,口感差且产量低,尚未形成品种固有品质与风味;采收过晚,籽粒果皮变硬,可溶性糖含量下降,食用品质差。

一般在授粉后的 16 d 左右采收的甜玉米,被用作鲜食玉米,即乳熟期采收的甜玉米,这类玉米不需要经过加工即可直接食用;在授粉后的 25 d 左右采收的甜玉米,即后乳熟期采收的甜玉米,被用于冷冻食品的生产,制成玉米罐头,以制作沙拉等食品;在授粉后的 30 d 以后采收的甜玉米,即完全成熟期采收的甜玉米,被加工成玉米粉,用作主食或者饲料。

在甜玉米籽粒中淀粉和可溶性糖的积累动态均呈“S”形曲线变化,蛋白质的积累动态呈“高—低—高”的变化趋势。粗淀粉初始增长势高、活跃期长和快增期灌浆快,这有利于品种籽粒粗淀粉积累,可溶性糖含量随授粉后天数的增加呈下降趋势,到成熟期降至最低值。甜玉米在乳熟期的营养价值最高。甜玉米籽粒在发育过程中,水分和还原糖含量不断下降,淀粉含量不断上升,蔗糖与 WSP 含量授粉后 25 d 左右达到峰值。此外有学者还发现,甜玉米籽粒发育过程中,其类胡萝卜素与维生素 E 含量在授粉后第 30 d 均保持上升趋势,这表明类胡萝卜素与维生素E 两种营养素在甜玉米籽粒发育过程中逐渐累积;而甜玉米籽粒中的酚类物质含量及其抗氧化活性在其发育早期,即出丝后的第 7 d 达到峰值。

第二节　甜玉米的色泽、气味、外观品质及口味鉴定

一、色泽鉴定

称取 20 ~ 50 g 样品后,均匀地摊平放在手掌上,在散射光线下仔细观察样品的整体颜色和光泽。针对色泽不易鉴定的玉米样品,称取 100 ~ 150 g 样品,在黑色平板上均匀地摊成 15 cm × 20 cm 的薄层,在散射光线下仔细观察样品的整体颜色和光泽。甜玉米色泽应呈现金黄色或白色,色泽均匀一致。

二、气味鉴定

称取 20 ~ 50 g 样品后,均匀地摊平放在手掌上,用哈气或摩擦的方法,提高样品的温度后,立即嗅其气味。对于气味不易鉴定的样品,提高温度进行测定,分取 20 g 样品,放入广口瓶,置于 60 ~ 70 ℃ 的水浴锅中,盖上瓶塞,颗粒状样品保温 8 ~ 10 min,粉末状样品保温 3 ~ 5 min,开盖嗅辨气味,应具有甜玉米特有的气味,无不良气味和异味。

三、外观品质

具有甜玉米应有的特性,穗形粒形一致,籽粒饱满,排列整齐紧密,具有乳熟时应有的色泽,籽粒柔嫩、皮薄,无秃尖,无虫咬,无霉变,无损伤,苞叶包被完整,新鲜嫩绿。

四、口味鉴定

将玉米制成玉米粉,在规定条件下制作成窝头后,对其色泽、气味、外观结构、内部性状、滋味等进行品评,结果用品尝评分值表示。品尝评分值是窝头品评实验所得的色泽、气味、外观结构、内部性状、滋味等各项评分值的总和。玉米口味鉴定结果用“正常”或“不正常”表示。品尝评分值不低于 60 分的为“正常”,低于 60 分的为“不正常”。对“不正常”的应加以详细说明。

第三节　甜玉米中可溶性糖的测定

一、实验原理

甜玉米中的可溶性糖被水解成还原糖后与碱性铜试剂中的 Cu^{2+} 作用,生成氧化亚铜(Cu_2O)沉淀。在硫酸的酸性条件下,氧化亚铜能定量地消耗碘酸钾和碘化钾生成的碘,溶液中剩余的碘,用硫代硫酸钠标准溶液滴定,同时用水代替样液做空白滴定,得到空白与样液的滴定差值,由滴定标准系列糖液的线性方程计算出样品中可溶性糖的含量。

二、试剂配制

100 g/L 硫酸铜溶液:准确称取 10.0 g 硫酸铜溶于水,定容至 100 mL。

碱性铜试剂:准确称取 25.0 g 无水碳酸钠和 25.0 g 酒石酸钾钠于 1 000 mL 烧杯中,加入 500 mL 水使其溶解。通过漏斗在液面以下加入 75 mL 100 g/L 硫酸铜溶液,之后加入 20.0 g 碳酸氢钠,使其在溶液中完全溶解,然后再加入 5.0 g 碘化钾使其溶解后,完全转入 1 000 mL 容量瓶中。之后准确称取恒重后的碘酸钾 0.891 7 g,用水将其完全溶解后转入上述容量瓶中,用水定容,过滤后备用,过夜。

乙醇溶液:准确量取 800 mL 无水乙醇加水稀释,定容至 1 000 mL。

碘化钾－草酸钾溶液:准确称取 2.5 g 碘化钾及 2.5 g 草酸钾溶于水中,经稀释后用水定容至 100 mL,该试剂在 7 d 内有效。

1 mol/L 硫酸溶液:将准确量取的 56 mL 硫酸缓慢加入 800 mL 水中,边加入硫酸边搅拌,冷却到室温后,用水稀释至 1 000 mL。

300 g/L 硫酸锌溶液:将准确称取的 30.0 g 硫酸锌溶于水,用水定容至 100 mL。

150 g/L 亚铁氰化钾溶液:将准确称取的 15.0 g 亚铁氰化钾溶于水,准确定容至 100 mL。

盐酸溶液:准确量取 500 mL 盐酸,加水稀释定容至 1 000 mL。

1 mol/L 氢氧化钠溶液:将准确称取的 40.00 g 氢氧化钠放入 250 mL 烧杯中,用水将其完全溶解后转入 1 000 mL 容量瓶中,用水定容。

0.1 mol/L 硫代硫酸钠标准溶液:准确称取 26.00 g 硫代硫酸钠和 0.2 g 无水

碳酸钠溶于 1 000 mL 水中,慢慢煮沸 10 min,待溶液冷却后,用无 CO_2 的水将其定容至 1 000 mL。将该溶液贮存于棕色瓶中,并放置在低温暗处保存,按 GB/T 601 标定后使用。

0.005 mol/L 硫代硫酸钠标准工作溶液:使用 0.1 mol/L 硫代硫酸钠标准溶液准确稀释而成。使用前现用现配,该试剂在 24 h 内有效。

0.5 mg/mL 葡萄糖标准溶液:准确称取 0.125 0 g 恒重后的葡萄糖,加水稀释定容至 250 mL。

淀粉指示剂:准确称取 1.0 g 可溶性淀粉,在烧杯中加入少量冷水将其调制成糊状,之后再加入 100 mL 煮沸的水继续煮沸,冷却至室温后转入滴瓶中,置于冰箱中保存。

1 g/L 甲基红指示剂:准确称取甲基红 0.1 g,用少量无水乙醇溶解后,再用无水乙醇稀释定容至 100 mL。

三、试样制备与处理

分取 20 g 以上混合均匀的实验样品,将其磨碎,使用 40 目的实验筛筛分样品,使样品 90% 以上能通过 0.425 mm 孔径,之后合并筛上物和筛下物,并充分混合,在室温下保存备用。

精确称取试样 1.000 0 ~ 5.000 0 g(使样品中含可溶性糖 40 ~ 80 mg 为宜),将其加入 100 mL 容量瓶中。向容量瓶中加入约 80 mL 乙醇溶液,将容量瓶置于 80 ℃ 水浴中保持 30 min,浸提样品中可溶性糖,在此期间摇动数次促进可溶性糖的溶出,之后冷却至室温,再用乙醇溶液定容,过滤,滤液备用。取上述滤液 50 mL 置于 100 mL 蒸发皿中,在 60 ~ 70 ℃ 水浴上蒸发除去乙醇,当蒸发乙醇后,使溶液达到 2 ~ 3 mL 时,向其中再加入硫酸锌溶液、亚铁氰化钾溶液各 1 mL,将其摇匀,之后用水将蒸发皿中样品转入 50 mL 容量瓶中,用水定容后过滤,滤液备用。取上述滤液 25 mL 转入 50 mL 容量瓶中,加入 2.5 mL 盐酸溶液,将容量瓶置于 80 ℃ 水浴中水解 10 min,冷却至室温后,用胶头滴管向其中加入两滴 1 g/L 甲基红指示剂,再用 1 mol/L 氢氧化钠溶液中和至中性,之后用水定容至 50 mL。

四、标准曲线的绘制

分别准确吸取 1.00 mL、2.00 mL、3.00 mL、4.00 mL、5.00 mL 浓度为 0.5 mg/mL 葡萄糖标准溶液(其中相当于含有 0.5 mg、1.0 mg、1.5 mg、2.0 mg、2.5 mg 葡萄糖)于五个 50 mL 具塞刻度试管中,分别用水补齐至 5.00 mL。分别向每支试管中加

入 5.0 mL 碱性铜试剂,之后将试管置于沸水浴中加热 15 min,取出立即在冷水中冷却 5 min,再沿着管壁向试管中加入 2 mL 碘化钾 – 草酸钾溶液,3 mL 硫酸溶液,摇动使溶液混合均匀,确保氧化亚铜完全溶解(注意在未加酸之前切勿摇动)。用 0.005 mol/L 硫代硫酸钠标准工作溶液滴定上述样液,当滴定至浅黄绿色时,向其中加入 6 滴淀粉指示剂。之后继续滴定使溶液变蓝,继续滴定使蓝色消失确定为终点。空白实验用相同体积水代替葡萄糖标准溶液,其余操作相同。以不同浓度的标准葡萄糖的质量(mg)为横坐标,以空白实验与不同浓度标准葡萄糖液滴定消耗硫代硫酸钠标准工作溶液的差值为纵坐标,绘制标准曲线。

五、试样的测定

根据样品中可溶性糖含量的多少,吸取试样处理液 1.00 ~5.00 mL,向其中加水补至 5.00 mL。之后按标准曲线绘制的步骤操作进行试样的测定,同时用水代替样液做空白滴定。空白与试样滴定的差值代入标准曲线,即可求得样液中糖的含量,并计算出样品中可溶性糖的含量。

六、检测报告

空白与试样滴定差值代入标准曲线求得样液中葡萄糖的质量,单位为毫克(mg);试样质量,单位为克(g);测定时吸取的样液体积,单位为毫升(mL);试样水分含量,单位为克每百克(g/100 g)。以上述量设计方程求解试样中可溶性糖的含量(以干基结果表示),单位为克每百克(g/100g)。以在重复性条件下获得的两次独立测定结果的绝对差值不应超过算术平均值的 10% 进行精密度分析。

第四节　甜玉米中单糖、双糖的测定

一、实验原理

样品经适当的前处理后,将糖类的水溶液注入反相化学键合相色谱体系,用乙腈和水作为流动相,糖类分子按其相对分子质量由小到大的顺序流出,经示差折光检测器检测,与标准比较定量。

二、标准溶液配制

20 mg/mL 糖标准贮备液:分别准确称取果糖、葡萄糖、蔗糖、麦芽糖和乳糖各 1 g,各种单糖和双糖的标准品提前已经过 96 ℃ ±2 ℃干燥 2 h。将各种单糖和双糖加水溶解,转入 50 mL 容量瓶中,定容后在 4 ℃密封贮藏,贮藏期限为 30 d。

糖标准使用液:分别准确吸取 20 mg/mL 的糖标准贮备液 1.00 mL、2.00 mL、3.00 mL、5.00 mL 置于容量瓶中,用水定容至 10 mL,获得分别为 2.0 mg/mL、4.0 mg/mL、6.0 mg/mL、10.0 mg/mL 浓度的标准单糖(或双糖)溶液。

三、样品处理

样品中脂肪含量过高会影响糖的提取,脂肪含量≥10% 的玉米样品需先进行脱脂再进行糖的提取。

(一)脂肪含量 <10% 的玉米

根据样品中含糖量的不同,称取样品质量也有所不同,称取粉碎混匀的试样量范围为 0.5 ~ 10 g(当含糖量≤5% 时,样品质量称取 10 g;含糖量 5% ~ 10% 时,样品质量称取 5 g;含糖量 10% ~ 40% 时,样品质量称取 2 g;含糖量 40% 时,样品质量称取 0.5 g,精确到 0.001 g)。将称重后的样品转入 100 mL 容量瓶中,用 50 mL水将其溶解,用磁力搅拌器搅拌 30 min 或超声提取 30 min,之后缓慢加入乙酸锌溶液和亚铁氰化钾溶液各 5 mL,用蒸馏水定容至 100 mL,混匀,静置,再用干燥滤纸过滤,弃去初始滤液,之后将滤液用 0.45 μm 微孔滤膜进行过滤至样品瓶中,或者通过离心分离得到上清液后,再用 0.45 μm 微孔滤膜过滤至样品瓶内,待液相色谱分析。

(二)脂肪含量≥10% 的玉米

准确称取粉碎或混匀后的试样 5 ~ 10 g(精确到 0.001 g),置于 100 mL 具塞离心管中,加入 50 mL 石油醚后混匀,排气后,继续振摇 2 min,之后以 1 800 r/min 离心 15 min,除去石油醚,之后反复操作上述步骤,直至除去大部分脂肪为止。蒸发除去残留的石油醚,将样品捣碎并转入 100 mL 容量瓶中,用 50 mL 蒸馏水分两次冲洗离心管,洗液均转入 100 mL 容量瓶中,用磁力搅拌器搅拌 30 min 或超声提取 30 min,之后缓慢加入乙酸锌溶液和亚铁氰化钾溶液各 5 mL,加水定容至 100 mL 刻度线,静置后用干燥滤纸过滤,弃去初始滤液,之后将滤液用 0.45 μm 微孔滤膜进行过滤至样品瓶中,或者通过离心分离得到上清液后,再用 0.45 μm 微孔滤膜过滤至样品瓶内,待液相色谱分析。

四、液相色谱分析

(一)色谱条件

果糖、葡萄糖、蔗糖、麦芽糖和乳糖之间的分离度必须大于 1.5。使用氨基色谱柱(4.6 mm × 150 mm),流动相为乙腈和水(体积比 70∶30),流动相流速为 1.0 mL/min,进样量为 20 μL,柱温为 40 ℃,示差折光检测器温度为 40 ℃,蒸发光散射检测器漂移管温度为 80 ~ 90 ℃,氮气压力为 350 kPa,关闭撞击器,在20 min 内完成单、双糖的测定。

(二)标准曲线的制作

将糖标准使用液依次按上述推荐色谱条件上机测定,记录色谱图峰面积或峰高,以峰面积或峰高为纵坐标,以糖标准工作液的浓度为横坐标,示差折光检测器采用线性方程;蒸发光散射检测器采用幂函数方程绘制标准曲线。

(三)试样溶液的测定

将试样溶液经自动进样器或者手动进样器注入高效液相色谱仪中,进行定性和定量实验,记录色谱峰峰面积或峰高,从标准曲线中可查得试样溶液中单糖或者双糖的浓度。可根据具体实验的差异,对试样进行稀释后再进样检测。空白实验除不加试样外,操作均按上述步骤进行。

五、检测报告

试样测定液中各单糖、双糖的峰面积为 A_i;糖标准工作液中所含有的标准品的浓度,单位为毫克每毫升(mg/mL);糖标准工作液中各单糖、双糖的峰面积 A_{si};试样的称样质量,单位为克(g);定容体积,单位为毫升(mL)。以上述量设计方程求解试样中各单糖、双糖的含量,单位为克每百克(g/100 g)。

以在重复条件下获得的两次独立测定结果的绝对差值不超过算术平均值的 10% 进行精密度分析。当称样量为 10 g 时,果糖、葡萄糖、蔗糖和麦芽糖检出限为 0.2 g/100 g。

第五章　糯玉米品质分析与检验

第一节　糯玉米的品质要求

一、糯玉米简介

糯玉米（*Zea mays L. sinensis Kulesh*）作为粮食兼蔬菜作物广泛出现在人们餐桌上，因其外观状态及蒸煮特性，其籽粒干燥后胚乳呈角质不透明、无光泽的蜡质状，因而又称其为蜡质玉米；其胚乳淀粉几乎均为支链淀粉，蒸煮后呈黏性，所以又称为黏玉米。糯玉米原产于中国，是普通玉米的自发突变，在玉米的第 9 条染色体的第 59 位点上基因（wx）发生隐形突变。糯玉米最突出的特点是籽粒胚乳中的淀粉几乎全部为支链淀粉，消化率高，其籽粒不透明，在蒸煮时十分容易糊化。煮熟后具有柔软细腻、甜黏清香、皮薄无渣、适口性好、营养丰富等特点。乳熟期的新鲜糯玉米含有丰富的可溶性糖、蛋白质和氨基酸，特别是赖氨酸和不饱和脂肪酸含量较高，同时富含膳食纤维、维生素和矿物质。这些营养成分赋予了糯玉米独特的风味和良好的保健功效，对改善膳食结构、增进身体健康具有重要作用，因而深受国内外消费者欢迎。因此，糯玉米在我国的种植面积不断扩大，产量不断增多。

糯玉米具有独特的优良特性，主要原因就是糯玉米的胚乳组成全部为支链淀粉，而普通玉米籽粒的支链淀粉比例仅为 72%。支链淀粉易溶于水，吸水量大，其水溶液具有稳定性强、膨胀性强、黏度高、凝沉性弱、糊化温度低等优点，尤其是食用消化率高，可高达 85%，比普通玉米高 20% 以上。糯玉米的这些优点决定了其适于作鲜嫩玉米食用，青果穗煮熟后柔软细腻、甜爽清香、皮薄无渣、适口性好、营养丰富。

糯玉米中淀粉结构不同于普通玉米，由于直链淀粉凝沉性较强，形成的淀粉溶液很不稳定，在储存过程中易发生凝沉，淀粉溶液变混浊，胶黏性降低，最终产生白色沉淀，这一性质影响限制了其工业应用。糯玉米支链淀粉易与水生成稳定的溶液,具有较高的黏度,同时不会产生凝沉现象,广泛应用于食品工业、纺织、造纸工业和医药领域,可作为罐头食品、糕点、白酒、啤酒、胶黏剂等生产中的材料。另外,由于糯玉米茎叶多汁且柔软,因此可作为牛羊等牲畜的优质饲料。

我国是世界糯玉米的起源中心,主要起源地是云南省的西双版纳,最早可追溯到 17 世纪 60 年代以前。1908 年糯玉米传入美国,美国植物学家柯林斯在华盛顿附近种植了糯玉米,1909 年柯林斯首次描述了其表现型特征并将其命名为蜡质玉米,自此对于糯玉米的性质及遗传育种工作逐渐展开。在我国大量糯玉米种质资源繁殖保存,种质资源丰富,但是糯玉米的育种工作在 20 世纪 70 年代才开始,20 世纪 80 年代我国选育成功第 1 个糯玉米杂交品种烟单 5 号,自此开创了中国糯玉米杂交种选育的先河。但由于我国经济基础薄弱,环境条件滞后等因素,糯玉米选育的相关工作并没有及时地开展,直至 20 世纪 90 年代后育种工作才发展较快,育有一批杂交种和自交种。根据糯玉米类型,可将育成的糯玉米新品种分为糯、甜糯、高油糯等;根据糯玉米籽粒颜色,可将育成的糯玉米新品种分为白糯、黑糯(俗称黑珍珠)、黄糯和花糯(彩色糯玉米)等。苏玉糯 1 号、中糯 1 号等糯玉米品种得到较好推广,选育得到的陕白糯 11,丰富了陕西糯玉米市场,产生了可观的经济效益。上海地区主栽品种包括申科糯 601、申科糯 602、申科甜糯 99、沪紫黑糯 1 号、沪五彩花糯 1 号、申科黑糯 288、紫黑糯 2 号等。之后我国持续创新和选育出优良糯玉米品种,在 2000—2014 年我国审定了 432 个糯玉米品种,育成通过国家审定的糯玉米新品种 69 个,其中包含不同类型、颜色、用途、成熟时间等。据农业农村部网站信息公示统计,2001—2018 年通过国家审定糯玉米数量达到 123 个。

新品种的选育一方面补充了我国糯玉米杂交品种种类,另一方面丰富了我国鲜食糯玉米市场。品质优良的糯玉米品种,丰产潜力也很高。例如北京农业大学育成的白糯 1 号和白糯 2 号,单产可达 9 000～11 250 千克/公顷。随着品种的增多,糯玉米产量和品质也不断提高,市场需求量也逐渐扩大。人们生活水平的提高、饮食理念转变,绿色、安全、营养等观念深入人心,人们对饮食的需求更加多样化、均衡化、营养化,鲜糯玉米适口性好、营养丰富,符合国人喜食鲜嫩青穗的传统,使得越来越多的鲜食糯玉米进入人们的餐桌,成为消费者喜爱的辅食和餐间的补充食物。我国鲜食糯玉米的消费量在逐年增加,糯玉米种植面积也在快速推进,种植面积从 20 世纪初的 7 万公顷发展到现今的 80 万公顷左右,成为全球糯玉米种植面积最大的国家。我国糯玉米种植主要集中在长江下游沪与杭嘉湖平原优质早熟生态区,长江上游滇、黔、川、桂高地遗传多样性生态区,以及北方高产生态区,拥有较明显的生态区分布,且各有不同的生态适应性特点,种植较为集中。

1908 年,美国传教士 J. M. W. Farnharm 从我国将糯玉米品种引入美国,后传入其他国家。1944 年,美国先锋种子公司创始人华莱士在担任副总统期间,访问中国时大量引入了中国糯玉米种质资源。美国多家种子公司在销售推广糯玉米种子,糯玉米在美国的种植面积达到 40 万公顷,产量逐年都稳定在 3 500 万吨左右。糯玉米主要以玉米淀粉加工、鲜食和罐头为主。美国的糯玉米绝大部分用于淀粉加工,已形成重要的产业,年生产能力达到 160 万 ~ 203 万吨,有 400 多种食品利用糯玉米的支链淀粉来增强食品风味。国际上针对糯玉米淀粉的营养吸收、功能及改性等方面的问题研究最多。随着糯玉米用途的不断扩大,糯玉米种植量也逐渐增加,加拿大和欧洲部分地区糯玉米种植面积稳定,泰国、越南、韩国等东南亚国家糯玉米种植面积逐渐增加,在日本、韩国和欧洲都有广阔的糯玉米和糯玉米淀粉市场。

糯玉米的开发及加工利用在提高农民收入和增加农业产值等方面具有重大意义。长春、张家口、忻州、临沂等地是我国糯玉米资源丰富的地区。目前,我国糯玉米产品种类数量较少,主要以青食、速冻、酿酒、支链淀粉加工为主,通过微生物发酵等技术来改善糯玉米黏豆包的黏弹性、口感和风味,促进了糯玉米加工业的发展,取得了较为理想的经济收益,实现了黏豆包谷物原料的专用化。可见,糯玉米加工产品发展空间较大。目前河北省张家口市万全区鲜食玉米已形成一定规模的种植、加工、销售一条龙模式。自该区 1999 年引进种植糯玉米以来,已连续十年周年供应北京、天津、石家庄等大中城市速冻糯玉米穗,实现了增加农民收入,解决就业、出口创汇、发展地方经济的目的,并有力地推动了农业的产业化进程。近年来糯玉米鲜果穗、速冻果穗、速冻籽粒加工产品受到国外消费者的喜爱,以唐山鼎晨食品有限公司、张家口禾久农业开发集团有限公司、河北德力食品有限公司等为代表的鲜食玉米加工出口型龙头企业,每年出口上亿穗鲜食玉米果穗。

二、糯玉米的品质特点

鲜食糯玉米水分含量高,因特殊的口感、舒适的黏滞性、清香的风味、丰富的营养物质含量而深受消费者喜爱。消费者食用的最佳时期是糯玉米的乳熟期,在此时期营养物质种类多、含量丰富。乳熟期糯玉米蛋白质和氨基酸含量均高于小麦、水稻和普通玉米,赖氨酸含量比普通玉米高 32% ,且其他具有医疗保健功能和抗氧化活性的高营养物质含量也相对较高。糯玉米中可溶性糖、维生素、膳食纤维、不饱和脂肪酸等均高于普通干玉米,其中不饱和脂肪酸高 60% 。除此之外,鲜食糯玉米还有丰富的维生素 E、维生素 C、维生素 B_1、维生素 B_2、类胡萝卜素、肌醇、胆碱、谷胱甘肽,以及磷、钙、镁、硒等矿物质。鲜糯玉米的食用价值已赢得人们的广泛认可。国内外研究表明,糯玉米在预防肠道疾病方面卓有成效,可调节胃肠蠕动,降低便秘和癌症的风险;除此之外,糯玉米可降低胆固醇、降血压、降血脂、降血糖,具有保肝护肝、护眼、护肤养颜、缓解疲劳和延缓衰老的功效。糯玉米是极富潜力的一种功能性食品基料,已逐渐成为 21 世纪的健康食品。

糯玉米的主要特点是籽粒胚乳中的淀粉几乎全部为支链淀粉,普通玉米籽粒的淀粉大约 72% 是支链淀粉,28% 是直链淀粉,这种淀粉的相对分子质量比直链淀粉小 10 多倍,易于消化吸收,消化率可高达 85%,比普通玉米高 20% 以上。其由于独特的风味和良好的保健作用,在国内外市场上深受欢迎。

糯玉米果穗外观品质和品尝品质是国家鲜食糯玉米品种实验品质性状的重点考察内容,比对对照品种进而评价优劣,制定品质评价考察指标。鲜食糯玉米外观品质决定其商品性。糯玉米外观品质的要求主要包括果穗大小一致,苞叶完整,不露尖,无秃顶,穗轴较细,籽粒饱满,排列整齐、紧密,穗轴白色,籽粒色泽鲜亮。外观品质可通过视觉评价和色差仪色差分析进行不同颜色糯玉米色泽评定。品尝品质决定了糯玉米鲜食品质的优劣。品尝品质主要从嗅觉、味觉等感官方面评价蒸煮鲜食玉米的可食用程度,包括玉米穗的气味、色泽、皮的厚薄、硬度、柔嫩性、糯性、咀嚼性、风味等。要求蒸煮后的糯玉米口感柔软细嫩、甜黏清香、皮薄渣少或无渣、食味醇正。糯玉米籽粒果皮厚度是决定其品尝品质较重要的因子之一。籽粒的柔嫩度是由籽粒种皮的厚度所决定的,果皮柔嫩性与果皮厚度呈显著负相关,果皮越薄,果皮柔嫩性越好。果皮厚薄对鲜食糯玉米适口性评价十分重要,因而增加籽粒果皮的柔嫩性也是重要的选育种目标。1976 年,研究人员首次提出通过测量穿透果皮所需压力来测定未成熟籽粒的果皮柔嫩性,通过穿刺实验的研究发现,玉米品种果皮较薄时穿刺指数低。

此外营养品质也是糯玉米鲜食品质的重要因素。营养品质包括各种营养成分,如含糖量、蛋白质含量及组成、淀粉的含量和比例、游离氨基酸含量及各种脂肪酸含量等,这些营养成分对食用口味影响较大。营养品质不仅决定了糯玉米的营养价值,还是糯玉米食味品质、加工品质的基础。一般要求非醇溶蛋白质、赖氨酸、支链淀粉、可溶性糖等物质的含量要高。糯玉米除了具有较高的营养价值外,还具有糯性好、滑嫩、香甜、风味足的特点。

三、糯玉米的采收要求

鲜食糯玉米即可用来食用的新鲜果穗玉米,可利用加工方式、低温贮藏等方法进行保鲜。作为鲜食产品最基本的条件是适时采收,糯玉米灌浆速度快,采收时间影响其食用价值,因此要求采收必须及时准确。同一鲜食糯玉米品种,不同采收期的水分、可溶性糖、粗脂肪、淀粉、粗蛋白、微量元素等营养素含量仍具有较大差异。若采收时间过早,糯玉米籽粒由于营养物质积累不够,品尝时糯玉米甜,但是却不黏,因而失去食用价值;若采收时间过晚,糯玉米籽粒则由于营养物质积累多转化为淀粉,随之而来籽粒中含水量变少,品尝时糯玉米有黏度,但是没有甜味或甜味少,失去食用价值,由此可见适时采收尤为重要。

比较常见的确定适宜的采收时间的方法是感官鉴别糯玉米外观、糯玉米籽粒性状分析和食味品尝评价法。通常观察到糯玉米花丝变得干枯,出现黑褐色时,在苞叶表面出现轻微失水现象,此时糯玉米籽粒呈现鲜亮的色泽,籽粒饱满,经手指掐破后乳糊状物质流出,即为适宜的采收期。除此之外还可以通过分析糯玉米籽粒含水量、可溶性糖含量,以及吐丝期到采收期的天数等方法辅助鉴别适宜采收期。

另外,通过蒸煮食用也可以确定适宜的采收期,即食味品尝评价法。经蒸煮食用后对于口感最佳、评分最高的产品采摘时期即为最佳的采收期。但蒸煮食用方法由于不同人群口味的差异,容易出现因个人主观因素对结果产生干扰,联合其他方法辅助鉴别更为精准。

鉴于鲜食糯玉米采收期对品质的影响,我国开展了大量的研究工作用于确定鲜食糯玉米的适宜采收期。通过对鲜食糯玉米籽粒含水率和含糖量检测,以及食味品尝评价相结合的方法可以确定适宜采收期。有研究发现,鲜食糯玉米的采收期与其籽粒含水量显著相关,而与籽粒含糖量相关性小。目前采用玉米籽粒含水量与含糖量检测,结合吐丝后的天数,食味品尝评价综合确定适宜采收期,是较为直观、经济、准确的方法。研究人员使用二次通用旋转设计研究糯玉米鲜果穗含糖量与采收期、贮藏温度、贮藏时间之间的关系,发现影响糯玉米鲜果穗籽粒含糖量的首要因素并不是采收期,二者的相互关系小。对糯玉米鲜果穗含糖量影响较大的是贮藏时间,之后依次为贮藏温度和采收期。

玉米采收时间受授粉后有效积温的影响,二者具有显著相关性,适宜采收期的有效积温随着播期推迟呈现下降的趋势,春播玉米适宜采收期提前且缩短,秋播玉米适宜采收期延迟且变长。不同品种糯玉米的适宜采收期在授粉后的天数及长短具有差异,适宜采收期时糯玉米不同部分的含水量也略有差异,籽粒含水量59%～64%时为适宜采收期,果穗含水量60%～65%时为适宜采收期。鲜食糯玉米适宜采收期与食味品尝的相互关系研究结果表明,一般情况下,鲜食糯玉米果穗在吐丝后 25 d 左右为适宜采收期,但是由于糯玉米品种的不同,适宜采收期也有 3～5 d 的差异。通常糯玉米果穗营养成分最高时不宜采收,果穗适口性好的采收时期应是籽粒含水量适宜、可溶性糖含量较高的时期。糯玉米鲜果穗籽粒中干物质积累与籽粒含水量的相互关系研究结果表明,鲜食糯玉米鲜果穗最佳采收期为授粉后 23～26 d,此时籽粒的形态特点是鲜果穗与籽粒的体积都达到了最大,充分显示出品种特有的特点和色泽,籽粒水分含量为 50%～60%,籽粒中干物重占总干物重的 60%～80%。

综上所述,鲜食糯玉米适宜采收期确定受籽粒含水量、籽粒含糖量、授粉后天数、吐丝后有效积温及食味品质等多方面因素的共同影响,另外可综合考虑鲜食糯玉米品种特性、种植条件、当地气候条件和土壤条件等因素的影响,进而精确地确定鲜食糯玉米最适宜采收期。

第二节　糯玉米中水分的测定

一、水浸悬浮法

(一)实验原理

准确称取一定量的粉碎试样,将其装入恒质测量皿中,向测量皿中注满水,使样品被充分浸润,将密闭的测量皿完全浸入水中,称量质量。根据浮力法原理,所得质量为样品干物质和测量皿的质量,通过计算即可得到试样的水分含量。

(二)仪器准备

根据测水仪的使用说明书,按要求连接并准备好仪器,将测水仪放置于平稳的操作台上,向测水仪两个水槽中装入清水,使水面位置达到水位刻度线处。将测量皿和测量皿密封盖浸泡于操作水槽中,将称量水槽放到测水仪下秤钩下面。使用注水软管向测水仪内的储水箱注入清水,清水的水温要与水槽中的水温保持一致,注水过程中不断观察水位标识,当水位达到水位线标识处时,停止注水,将注水软管卸下。

将称量装置调节到水平,并接通电源。使用仪器标备的标准砝码对称量装置进行校准。在主机操作显示面板上,依据待测样品种类的不同,对应选择合适的粮食种类测量模式。注意:当测水仪连续使用超过 100 次时,或者是测水仪长期不用的时候,应重新对仪器进行校准。

(三)恒质测量皿

用注水打压夹夹住浸泡着测量皿的注水口,按仪器操作显示面板的"注水"键,进行一次打压,将测量皿注水口中的空气排净。然后向操作水槽中的测量皿内注满清水,应保证在测量皿内不能有气泡,然后再使用密封盖将测量皿密封好。用注水打压夹夹住测量皿的注水口,按仪器操作显示面板的"注水"键,再进行一次打压。之后将注水打压夹松开,取下测量皿,在称量装置底部的下秤钩上将注水后的测量皿挂上,使称量水槽中测量皿悬浮,之后称量质量,待称量装置上数据显示稳定后,记录数值。重复以上操作,直至最后两次称量的质量差值不超过 3 mg 时,即达到恒质,在测水仪的恒质测量皿界面面板上将最后两次称量中显示较大的一个数据存储,作为恒质数据。测定中注意要保持水温与实验室环境温度相一致,最多相差不超过 3 ℃。当水温和实验室环境温度相差超过 3 ℃时,应重新进行操作。

(四)试样制备

分取试样约 30 g(精确到 0.01 g),注意试样的温度应控制为 - 20 ~ 20 ℃,将试样中杂质除去,用粉碎机或者研钵破碎。

当试样水分含量≤40% 时,使用粉碎机粉碎试样;当试样水分含量 >40% 时,使用研钵碾碎试样。当试样水分含量≤19% 时,需要在粉碎机中安装 1.5 mm 的筛子再粉碎,使粉碎后试样占比≥90% 的物料通过筛子;当 19% <试样水分含量≤40% 时,需要在粉碎机中安装 2.5 mm 的筛子再粉碎,使粉碎后试样占比≥90% 的物料通过筛子;粉碎结束后,需将筛上物和筛下物混合混匀,同时搅拌均匀备用。对于水分含量 >40% 的试样,需使用研钵研磨至无明显颗粒状态后,搅拌均匀备用。如试样为冰冻状态,也应采用同样的方法进行制备。样品制备过程应保证处于连续状态,同时要尽可能地缩短制备时间,而对于制备好的试样应立即进行测定。

充分混匀试样后,准确称量试样 6 ~ 10 g(精确到 0.01 g),在称量装置上用称样皿称取试样,待称量数值示数稳定以后,在测定界面面板上将称量数据储到试样质量栏。将试样倒入盛有一半水的测量皿中,使试样全部浸入水中,之后用搅拌棒搅拌混匀试样,使试样中气体排出,将搅拌棒上试样残留物使用注水器洗入测量皿中。注水过程中注水器缓慢向测量皿内壁注水,当水面达到测量皿口下沿处时,停止注水。将测量皿用密封盖密封好,用注水打压夹夹住测量皿的注水口,按仪器操作显示面板的"注水"键,进行一次打压。在仪器测定界面上,按照预估的试样水分含量选择不同模式,试样水分含量≤19%,选择"干样品模式"进行称量;样品水分含量>19%,则选择"湿样品模式"进行称量。

之后将注水打压夹松开,将测量皿取下,在称量装置底部的下秤钩上将测量皿挂上,使测量皿悬浮于称量水槽中,之后称量质量,待称量装置上数据显示稳定后,记录数值,在测定界面面板上将称量数据储存到测定值栏。

若测定结果中,试样的水分含量与样品粉碎前预估的水分含量一致,则在测定结果中减去0.5%(例如,预估试样的水分含量是大于19%的测定结果,应减去0.5%),测定的结果有效;反之,则重新进行操作。操作过程中应注意,一定要选择正确的样品粉碎方式和测定模式。

(五)检测报告

试样质量,单位为克(g);注水测量皿在水中的质量,单位为克(g);注水测量皿和试样干物质在水中的质量,单位为克(g);转换系数k(玉米为2.8)。以上述量设计方程求解试样水分含量,单位为克每百克(g/100 g)。

在重复条件下获得的两次独立测定结果的绝对差值不得超过0.2%,否则以两次测定结果的算术平均值作为试样的水分含量。

二、直接干燥法

(一)实验原理

利用食品中水分的物理性质,在常压101.3 kPa、温度101~105 ℃下采用挥发方法测定样品中干燥减失的质量,包括吸湿水、部分结晶水和该条件下能挥发的物质,再通过干燥前后的称量数值计算出水分的含量。

(二)操作步骤

1. 固体试样处理

清洗玻璃制扁形称量瓶,放入调好101~105 ℃温度的干燥箱中,将称量瓶盖斜支于瓶边,加热干燥1 h,取出后置于干燥器中冷却0.5 h,称重,反复操作干燥至前后两次质量差不超过2 mg,即为恒重。将混合均匀的试样迅速研磨,磨细至颗粒小于2 mm,不易研磨的样品尽量切碎。称取样品2~10 g,放入恒重称量瓶中,试样厚度不超过5 mm,对于疏松样品厚度不超过10 mm,加盖精确称量,放入101~105 ℃干燥箱干燥2~4 h,之后盖好取出,放入干燥器冷却0.5 h,称重,若未恒重,再干燥1 h,取出置干燥器冷却0.5 h,反复操作至恒重。

2.半固体或液体样品处理

洁净称量瓶(内加 10 g 海砂及小玻棒)放入 101~105 ℃干燥箱干燥 1 h,取出置于干燥器冷却 0.5 h,称重,反复操作至恒重。称取 5~10 g 样品放入称量瓶中,用小玻棒搅匀后放在沸水浴上蒸干,并随时搅拌,擦去瓶底水滴,置于 101~105 ℃干燥 4 h,取出放入干燥器中冷却 0.5 h,称重,若未恒重,再干燥 1 h,置于干燥器冷却 0.5 h,反复操作至恒重。

(三)检测报告

称量瓶(内加 10 g 海砂及小玻棒)和试样的质量,单位为克(g);称量瓶(内加 10 g 海砂及小玻棒)和试样干燥后的质量,单位为克(g);称量瓶(加海砂、玻棒)的质量,单位为克(g);单位转换系数为 100。以上述量设计方程求解试样水分含量,单位为克每百克(g/100 g)。

精密度要求在重复性条件下获得的两次独立测定结果的绝对差值不得超过算术平均值的 10%。

第三节　鲜食糯玉米中支链淀粉的测定

一、实验原理

根据双波长比色原理,若试样溶液在两个波长处均有吸收,则两个波长的吸光差值,与溶液中待测物质的浓度成正比。从待测样品液中的支链淀粉分别与碘生成络合物的吸收图谱中,可以确定测定波长和参比波长。淀粉与碘能形成螺旋状结构的碘–淀粉复合物,它具有特殊的颜色反应,其中支链淀粉与碘依其分支程度生成紫红–红棕色复合物,从而表现出特定的吸收谱及吸收峰。

二、试剂配制

碘试剂:从称量瓶中称取 2.000 g 恒重的碘化钾,加入适量的水使碘化钾溶液形成饱和溶液,之后向其中加入碘 0.200 g,待碘试剂完全溶解后,再用蒸馏水稀释,将上述试液转入 100 mL 容量瓶中,加入蒸馏水稀释,并定容至刻度,摇匀。注意:该试剂应现配现用,并需要避光保存。

2 mg/mL 支链淀粉标准溶液:准确称取 0.1000 g 支链淀粉标准品(质量分数为 99%以上),将其转入 50 mL 容量瓶中,向其中加入 10 mL 1 mol/L 的氢氧化钾溶液,将容量瓶置于热水中,使试剂完全溶解,之后取出容量瓶,冷却至室温,用蒸馏水定容至刻度,摇匀后静置,制备好支链淀粉标准贮备液。

三、试样制备

将玉米籽粒样品用组织捣碎机捣碎,置于 60 ℃鼓风干燥箱中烘干,使其水分含量降低到 10 %以下,之后过孔径为 0.25 mm 试样筛。准确称取 1 g 的烘干样品,放入索氏抽提器中,加入 35 mL 石油醚,加热回流 4 h 进行脱脂,然后放入鼓风干燥箱中烘干,挥去残余的石油醚。

四、样品溶液的制备与测定

准确称取脱脂试样 100 mg ± 0.5 mg,将其转入 50 mL 容量瓶中,小心缓慢加入 1.0 mol/L 氢氧化钾溶液 10.0 mL 于容量瓶中,并轻轻摇匀,在 75 ℃水浴中充分溶解 20 min,冷却后用蒸馏水稀释至刻度,摇匀,静置 15 min 后过滤。

精确称取 5 mL 滤液,置于 50 mL 容量瓶中,加蒸馏水 25 mL,以 0.1 mol/L 盐酸溶液调 pH 值至 3.0,再加入 0.5 mL 碘试剂,用蒸馏水定容至刻度。在室温下静置 25 min 后,以样品空白液为对照,用 1 cm 比色杯,分别测定样品液 λ_1、λ_2 的吸收值 A_{λ_1}、A_{λ_2},得到样品支链淀粉的吸光度差值,再与标准化系列比较定量。

五、标准曲线的绘制

准确吸取 2.50 mL 支链淀粉标准贮备液,转入 50 mL 容量瓶中,加 25 mL 蒸馏水,以 0.1 mol/L 盐酸溶液调 pH 值至 3.0,加入 0.5 mL 碘试剂,并用蒸馏水定容。在室温下静置 25 min。以蒸馏水为空白,用双光束分光光度计进行可见光全波段扫描,绘制支链淀粉吸收曲线。确定支链淀粉的测定波长 λ_1 及参比波长 λ_2。

分别吸取 2.0 mL、2.5 mL、3.0 mL、3.5 mL、4.0 mL、4.5 mL 和 5.0 mL 支链淀粉标准贮备液,置于 50 mL 容量瓶中,加 25 mL 蒸馏水,以 0.1 mol/L 盐酸溶液调 pH 值至 3.0,加入 0.5 mL 碘试剂,用蒸馏水定容。在室温下静置 25 min 后,以蒸馏水为空白,用 1 cm 比色杯在 λ_1、λ_2 两波长下分别测定 A_{λ_1}、A_{λ_2},二者相减即为支链淀粉吸光度差值,以支链淀粉吸光度差值为纵坐标,支链淀粉浓度(mg/mL)为横坐标,制作双波长支链淀粉标准曲线。

六、检测报告

标准曲线查得的样品液中支链淀粉的浓度,单位为毫克每毫升(mg/mL);测定用脱脂试样的质量,单位为克(g);试样中水分含量,单位为克每百克(g/100 g);试样中粗脂肪含量,单位为克每百克(g/100 g)。以上述量设计方程求解试样中支链淀粉含量,单位为克每百克(g/100 g)。

精密度要求在重复性条件下获得的两次独立测定结果的绝对差值不得超过算术平均值的10%。

第四节　糯玉米的蒸煮品质分析

一、品评人员

按照规定的要求优选出 5～10 名品评人员。要求在品评前 1 h,品评人员不允许吸烟、不能吃东西,但允许喝水;在品评期间,品评人员应具有正常的生理状态,注意不要使用化妆品或是其他有明显气味的用品。每名品评人员在每次实验中品评试样的份数应保持在 9 份以内,其中包含参照样品。当试样份数超过 9 份时,应将品评样品分成 2 次以上进行实验;当试样份数不足 4 份(其中包含参照样品)时,可以将同一试样重复品评,但不得告知品评人员。注意同一品评人员每天品评次数不得超过 2 次,应将品评时间安排在饭前 1 h 或饭后 2 h 进行。

二、操作方法

随机抽取具有代表性的试样 5～10 穗,除净苞叶和玉米须。将每个试样放入单独的蒸锅蒸屉内,盖上锅盖并加热。蒸锅中水加热至沸腾后开始计时,甜玉米蒸 5～10 min 后停止加热;糯玉米或甜加糯玉米蒸 20～25 min 后停止加热,取出试样,从每穗正中段切取 8～10 cm 作为品评样品。

每次品评需将制成的试样依次放在白瓷盘上(每人 1 盘),趁热直接闻试样的气味,再观察籽粒色泽,依次品尝其甜度(糯性或糯甜性)、脆嫩性或柔嫩性、皮的薄厚和滋味,按品质评分表评分。参照样品应选择有代表性的样品,如当地栽培面积较大、品质较好的品种,每项指标评分可设定为:气味 7 分、色泽 7 分、糯性(甜度或糯甜性)18 分、适口性 28 分(柔嫩性或脆嫩性 10 分、皮的薄厚 18 分)、滋味 10 分。

三、品质评分

评分表见表 5 – 1 至表 5 – 3。

表 5 – 1　糯玉米蒸煮品质评分表

指标		评分/分	具体描述
蒸煮品质 70 分	气味 7 分	6 ~ 7	具有糯玉米特有糯香气味,香气明显
		4 ~ 5	具有糯玉米特有糯香气味,香气不明显
		1 ~ 3	无香味,无异味
		0	有异味
	色泽 7 分	6 ~ 7	具有玉米本来颜色,有光泽
		4 ~ 5	具有玉米本来颜色,较暗,光泽不明显
		1 ~ 3	具有玉米本来颜色,灰暗,无光泽
	糯性 18 分	15 ~ 18	咀嚼时糯(黏)性明显
		10 ~ 14	咀嚼时糯(黏)性稍差
		5 ~ 9	咀嚼时糯(黏)性一般
		1 ~ 4	咀嚼时无糯(黏)
	适口性 柔嫩性 10 分	8 ~ 10	籽粒柔滑,柔嫩度好,软硬适当
		5 ~ 7	籽粒柔滑感稍弱,柔嫩度稍差,稍软或稍硬
		1 ~ 4	籽粒过硬或过嫩
	皮的薄厚 18 分	15 ~ 18	籽粒皮薄,基本无渣
		10 ~ 14	籽粒皮较厚,有渣不明显
		5 ~ 9	籽粒皮厚,明显有渣
		1 ~ 4	籽粒皮过厚,渣感过于明显
	滋味 10 分	8 ~ 10	咀嚼时有浓郁的糯玉米味
		5 ~ 7	咀嚼时有较淡的糯玉米味
		1 ~ 4	咀嚼时基本无糯玉米味,无异味
		0	咀嚼时无糯玉米味,有异味

表 5 – 2　甜加糯玉米蒸煮品质评分表

指标		评分/分	具体描述
蒸煮品质70分	气味 7 分	6 ~ 7	具有甜加糯玉米特有糯香和清香气味,香气明显
		4 ~ 5	具有糯玉米特有糯香和清香气味,香气不明显
		1 ~ 3	无香味,无异味
		0	有异味
	色泽 7 分	6 ~ 7	具有玉米本来颜色,有光泽
		4 ~ 5	具有玉米本来颜色,较暗,光泽不明显
		1 ~ 3	具有玉米本来颜色,灰暗,无光泽
	糯甜性 18 分	15 ~ 18	咀嚼时糯(黏)性明显,同时伴有明显甜味
		10 ~ 14	咀嚼时糯(黏)性稍差,甜味稍不明显
		5 ~ 9	咀嚼时糯(黏)性一般,甜味较不明显
		1 ~ 4	咀嚼时无糯(黏),基本无甜味
	适口性　柔嫩性 10 分	8 ~ 10	籽粒柔滑,柔嫩度好,软硬适当
		5 ~ 7	籽粒柔滑感稍弱,柔嫩度稍差,稍软或稍硬
		1 ~ 4	籽粒过硬或过嫩
	皮的薄厚 18 分	15 ~ 18	籽粒皮薄,基本无渣
		10 ~ 14	籽粒皮较厚,有渣不明显
		5 ~ 9	籽粒皮厚,明显有渣
		1 ~ 4	籽粒皮过厚,渣感过于明显
	滋味 10 分	8 ~ 10	咀嚼时有浓郁的糯玉米和甜香味
		5 ~ 7	咀嚼时有较淡的糯玉米或甜香味
		1 ~ 4	咀嚼时基本无糯玉米和甜香味,无异味
		0	咀嚼时无糯玉米和甜香味,有异味

表5－3　甜玉米蒸煮品质评分表

指标		评分/分	具体描述
蒸煮品质70分	气味7分	6~7	具有甜玉米特有清香气味,香气明显
		4~5	具有甜玉米特有清香气味,香气不明显
		1~3	无香味,无异味
		0	有异味
	色泽7分	6~7	具有玉米本来颜色,有光泽
		4~5	具有玉米本来颜色,较暗,光泽不明显
		1~3	具有玉米本来颜色,灰暗,无光泽
	甜度18分	15~18	咀嚼时甜味明显
		10~14	咀嚼时甜味稍不明显
		5~9	咀嚼时甜味较不明显
		1~4	咀嚼时基本无甜味
	适口性　脆嫩性10分	8~10	籽粒脆爽,鲜嫩感好
		5~7	籽粒脆爽,鲜嫩感稍差
		1~4	籽粒脆爽,鲜嫩感较差
	皮的薄厚18分	15~18	籽粒皮薄,基本无渣
		10~14	籽粒皮较厚,有渣不明显
		5~9	籽粒皮厚,明显有渣
		1~4	籽粒皮过厚,渣感过于明显
	滋味10分	8~10	咀嚼时有较浓郁的甜香味
		5~7	咀嚼时有较淡的甜香味
		1~4	咀嚼时基本无香甜味,无异味
		0	咀嚼时无香甜味,有异味

第六章　紫玉米品质分析与检验

第一节　紫玉米的品质要求

一、紫玉米简介

紫玉米(*Purple corn*,学名 *Zea mays L.*)原产于南美洲的玻利维亚、秘鲁等地,已有上千年的栽培历史。紫玉米籽粒除可以直接食用外,还可以利用紫玉米中提取的天然色素作为医药保健品、饮品及化妆品等的原辅料。紫玉米中天然色素花青素,具有含量高、成本低、稳定性好等优点,因而紫玉米是一种理想的色素提取材料。

随着紫玉米的价值逐渐被认可,人们也开始研究由于基因突变导致紫玉米出现的原因。国外对紫玉米的研究始于 20 世纪 80 年代末,研究人员认为紫玉米的某些营养成分缺陷或栽培条件变化(如磷缺陷、低温影响),导致其内部生成糖不能和氨基酸结合或形成多糖,进而导致花色苷的产生。我国对于紫玉米的选育工作始于 20 世纪 90 年代末,1998 年,爱国华侨杨福寿与邢台市农科所张树申引进秘鲁原生紫玉米品种,并在邢台市安家落户。目前我国通过引进和自主杂交育种,拥有紫玉米资源几十种,培育出的主要紫玉米品种有紫玉香、紫珍珠,以及紫色糯玉米杂交种系列紫糯 1 号、紫糯 2 号、紫糯 3 号,太黑玉米杂交种系列、紫观音等意大利紫玉米杂交种系列,墨西哥超大紫玉米、韩国紫包公糯玉米杂交种系列等。近年来,紫玉米因其具有的较高营养价值和生理功能逐渐被重视,各地不断培育出一系列新的优质品种,并通过国家审定。辽宁鞍山的靠山 1 号紫玉米,其优点是颗粒饱满、胚乳紫色发亮呈玻璃状、口感好、鲜吃无生味,适宜在东北地区种植;河北涿州培育出全株紫玉米杂交种的"琢紫 1 号",该紫玉米杂交种的籽粒、苞叶、穗轴、花丝、茎秆、叶片、雄穗均为黑紫色;安徽省濉溪县农业科学研究所培育出超级紫糯玉米新品种"紫玫瑰 1 号",其穗轴为深紫色,鲜穗蒸煮后籽粒色泽极佳。此外,还有北京市农林科学院选育的京紫糯系列品种;广东省农科院培育的紫珍珠紫糯玉米,福建省农业科学院培育的"闽紫糯1号",山西省农科院选育的"晋紫糯3号",这些紫玉米均具有各自的优良性状特征。紫玉米种植方式与普通玉米基本相同,紫玉米春、夏播种均可,适宜在我国玉米种植区种植。

紫玉米具有独特的色泽,其口味香、甜、黏、嫩,作为一种粮食作物,既可以不做任何加工直接出售,也可以通过加工制成紫玉米面条、紫玉米酒、紫玉米乳饮料、鲜粒罐头、紫玉米粥、代餐紫玉米片等产品出售,备受消费者的青睐。

来源于紫玉米的花青素,具有稳定性好的优势,可作为糖果、果冻、清凉饮料等食品着色,同时还可作为"功能因子"用于抗氧化、抗癌等多种功能性食品的研发。日本对紫玉米色素的研究较早,将其用于"既存的天然食品添加剂",平均价格为每千克6 000日元,2000年消费量约50 t。紫玉米的茎、叶、皮、须、芯、轴等均可被综合利用,可开发生产成高档的"紫色饲料",利用价值极高。紫玉米穗轴大多被作为燃料和化工用料,可被用来制备糠醛,提取多糖和多酚,生产饲料、纸浆、生物活性炭等,还可作为酿造白酒的原材料。随着天然紫色食品在国内外市场覆盖率的提升,天然紫色食品逐渐成为流行的健康食品,而紫玉米因其具有极高的营养价值,其开发利用必定会有更广阔的市场和更高的效益。

二、紫玉米的营养价值

作物的外观颜色与其营养品质具有一定的相关性,在正常情况下,作物颜色与其营养价值成正比,即作物颜色越深其营养价值越高,而紫色食物则是深色食物的典型的代表。

紫玉米大小与普通玉米相同,但其种子和苞叶等均近紫黑色。紫玉米被医学界和营养学家称为"健康食品、功能食品、益寿食品"。根据中国农业科学院沈阳农产品检验中心分析数据,紫玉米含有大量的花青素,在紫玉米果皮中的花青素含量比紫米、黑芝麻、紫麦高2.5倍左右;紫玉米所含的蛋白质、氨基酸、脂肪、粗纤维及矿物质元素含量均高于普通玉米。紫玉米籽粒中不仅所含氨基酸种类比较齐全,17种氨基酸含量中就有13种高于普通玉米,特别是与人体生命活动密切相关的赖氨酸、精氨酸的含量,分别比黄玉米的含量高25.0%和66.7%。紫玉米中锰、锌、铜的含量比普通玉米高2~8倍,钾含量是现有谷物的4~6倍,钙含量是现有谷物的3~9倍,具有防癌抗癌功效的微量元素硒,其含量比黄玉米高7.5倍。紫玉米脂肪含量是现有谷物的1~4倍,粗脂肪含量比甜质型黄玉米高26.8%,比硬粒型黄玉米高43.1%,淀粉含量比普通玉米低30%。此外,紫玉米中还含有丰富

维生素 B_1、B_2、B_6 及尼克酸、泛酸、胡萝卜素、槲皮素、异槲皮素、果胶、谷胱甘肽等；富含具有保护心脏、预防高血压和动脉硬化作用的亚油酸、卵磷脂、谷固醇、维生素 E 等物质。基于紫玉米的上述营养价值，可将其应用于心血管病患者、糖尿病患者的辅助食疗。

三、花青素的生理功能

花青素除了使植物呈现五彩缤纷的颜色之外，还具有显著的保健功能。大量研究报道表明，花青素具有多种生理功能，主要有抗氧化、清除自由基等作用。花青素具有抗氧化功能，主要是由于花青素可以与自由基发生抽氢反应，即在反应中一个反应物从另外一个反应物中获得氢的过程，进而使自由基链式反应终止。花青素具有复杂的芳香环结构并且环上有复杂的取代基，具有多电子的羟基部分，8 个酚羟基均与双键共轭，为氢原子的给予体，且芳环上的共轭双键使电子在分子中十分稳定。花青素这一结构有利于降低环上羟基键的强度，使其更易于脱去羟基氢，而形成的醌类自由基较为稳定。从紫玉米中提取的花青素能有效地清除自由基。研究表明，黑糯玉米芯花青素浓度在 0.02～0.1 mg/mL 范围内，随着花青素溶液浓度的增加，对 $O_2 \cdot$ 和 $\cdot OH$ 的清除作用也明显增加；而用水作溶剂的黑糯玉米芯花青素溶液抗氧化活性高于用乙醇和 CCl_4 提取的花青素；黑糯玉米花青素溶液抗氧化性的最适体积分数为 0.04%，最适 pH 值为 6。研究人员还发现黑玉米花青素具有一定的还原能力，对脂质过氧化抑制率达到 52.05%，对 DPPH 自由基和超氧阴离子自由基清除率分别为 95.61% 和 77.45%。研究人员采用体外和体内两种实验方法对紫玉米花青素抗脂质过氧化作用开展研究，紫玉米花青素抗脂质体过氧化作用明显优于对照抗坏血酸，在由 Fe^{2+} 引发的卵磷脂脂质氧化体系中，随着紫玉米花青素浓度的增加，其对脂质过氧化抑制作用越大；同时紫玉米花青素对小鼠肝脂质过氧化具有拮抗作用。研究人员还发现，紫玉米中的花色素 - 3 - 葡萄糖苷在自由基发生剂 AMVN 存在下，一方面可产生具有抑制氧化能力的代谢产物，同时可产生能捕捉自由基的原儿茶酸，因而认为花色素 - 3 - 葡萄糖苷具有双重抗氧化作用。

花青素还具有抗肿瘤、抗突变等功能。动物实验结果表明，对具有结肠癌细胞的实验鼠喂食花青素提取物一段时间后，实验鼠发展出的结肠肿瘤比对照鼠减少了 70%；将葡萄花青素、紫玉米花青素、紫萝卜花青素分别加入含有结肠癌细胞的培养皿中，结果显示所有种类的花青素提取物均具有抗癌效果，而紫玉米花青素抗癌效果最佳。矢车菊素和飞燕草素是食物中大量存在的两种花青素，二者在微摩尔浓度范围内,具有抑制人类肿瘤细胞的作用。

研究证实,花青素对肠癌、乳腺癌、前列腺癌、皮肤癌等都具有不同程度的抑制作用。机体胃肠系统可以有效吸收花青素,花青素在机体内发挥抗癌功效可能与其调节有丝分裂、细胞周期,诱导 G1 期的细胞静止,抑制细胞生长及诱导癌细胞凋亡等作用有关;也可能是由于花青素可促进胶原的合成,增加胶原的抵抗性,抑制胶原酶的活性,而抑制胶原降解的试剂可能具有抑制肿瘤细胞的入侵和转移作用。研究还发现,紫玉米种皮富含水溶性花青素,花青素与亚硝酸比为 1∶3 时,能抑制99% 的亚硝酸致癌物的致癌率。利用鼠伤寒沙门氏菌 TA98 来评价紫玉米色素水提取物的抗突变活性,研究发现紫玉米花色苷可有效地抑制杂环胺、Trp – P – 1、Trp – P – 2 和 IQ 引起的突变作用。

花青素还具有改善视力功效,花青素具有加速物质代谢交换、增加眼底微循环及增强对毛细血管保护的作用,因而花青素可改善黄斑恢复时间和夜间视觉,促进视网膜视杆细胞视紫红质再生。花青素对心血管疾病具有明显的效果,能明显抑制引起动脉粥样硬化的主要因子——低密度脂蛋白的氧化和血小板的聚集。花青素可以降低高血脂大鼠的甘油酯水平,改善高甘油酯脂蛋白的分解代谢;抑制胆固醇吸收,降低低密度脂蛋白胆固醇的含量。此外花青素还具有降血糖、抗过敏、防紫外线照射损伤、抗菌、保护胃黏膜、保肝利胆、护肾等多种功能。

四、紫玉米花青素的组成成分

紫玉米色素属花青素类,即紫玉米花青素(PCA)。紫玉米花青素呈紫红色,可溶于水,溶于乙醇、乙酸等有机溶剂,在碱性条件下不稳定,在酸性条件下较稳定,并且随 pH 值的不同而呈现不同的颜色。不同品种的紫玉米含有不同种类的花青素。

国外开展紫玉米花青素的研究较早,1959 年墨西哥紫甜玉米的胚乳中被发现了天竺葵色素 – 3 – 葡萄糖苷和矢车菊色素 – 3 – 葡萄糖苷,1979 年玻利维亚紫玉米品种 Morado 的穗轴和种皮中被发现含有矢车菊色素 – 3 – 葡萄糖苷,以及少量的天竺葵色素、芍药色素和其他 7 种花青素。2003 年,Paul 等人在玉米中发现3,7 – di – o – methylquercetin 5 – o – glucoside 色素。2002 年,Hiromitsu Aoki 等人对2000 年采集于秘鲁的紫玉米种子花青素组成进行了研究。取 1 kg 紫玉米种子磨粉,之后使用 10 L 0.1% 三氟乙酸(TFA)水溶液,在 40 ℃ 条件下浸提 12 h,浸提液经滤纸过滤后,再经过 1 L 的 SP – 207 离子交换柱,离子交换树脂先用 3 L 水淋洗,然后用含有 0.1% TFA 的 50% 乙醇水溶液洗提,洗提出来的浸出物在 40 ℃ 下真空干燥得到粗提取物,然后经高效液相色谱仪在 515 nm 下对粗提取物进行色谱分离,共出现 PCA 1 - 8 个峰。经质谱分析后确定,所检出三个离子峰片段的荷质比为 287 处的矢车菊色素(Cy)、在 271 处的天竺葵色素(Pg)和 301 处的芍药色素(Pn)。这三种紫玉米花青素所接的糖苷基均为葡萄糖(Glc),另外为接有丙二酸基团(Mal)的 PCA 均为(Cy + Glc + Mal),故实际上所得为六种紫玉米的花色苷。紫玉米籽粒色素提取物中矢车菊色素衍生物占 73.3%,天竺葵色素衍生物占 9.3%,芍药色素衍生物占 17.4%。用吸收树脂和高速逆流色谱仪和高效液相色谱仪联机分析,分离得到 PCA - 1,2,3,5,6,7 六种紫玉米花青素。

研究人员利用 LC - DAS - MS 联机分析,从紫玉米芯提取液中分离得到 9 种不同花青素,其中有 6 种是自然存在紫玉米芯里,分别为矢车菊 - 3 - 葡萄糖、天竺葵 - 3 - 葡萄糖、芍药 - 3 - 葡萄糖,以及它们对应的丙二酸衍生物。

第二节　紫玉米的杂质、不完善粒检验

一、实验原理

利用粮食的物理形状的不同,通过筛分、挑拣等方式,检验紫玉米的杂质和不完善粒。

二、样品制备

将试样分为大样和小样两种,对二者进行杂质的检验。利用过筛,检验大样中存在的杂质,玉米大样称取质量约 500 g,利用电动筛选器法或手筛法获得上层筛上的大型杂质和下层筛的筛下物,上层筛筛孔直径为 12.0 mm,下层筛筛孔直径为 3.0 mm。小样则是从检验过大样杂质的样品中分取出少量试样,玉米小样称取质量约 100 g,主要检验的是与粮粒大小相似的杂质、不完善粒等。

三、筛选方法

(一)电动筛选器法

按规定以大孔筛在上,小孔筛在下,套上筛底的程序将电动筛筛层套好。取一定质量试样放进上层筛上面,之后将筛盖盖好,将电动筛安装到电动筛选器上。电动筛选器接通电源后打开开关,电动筛自动地以 110 ~ 120 r/min 的转速向左向右各筛 1 min,筛后静止片刻,将上层筛的筛上物以及卡在孔中间的颗粒均归为筛上物,将筛上物和下层筛的筛下物分别倒入分析盘内。

(二)手筛法

按规定将筛层套好后,取一定质量试样放进上层筛上面,之后将筛盖盖好。将选筛放在光滑的桌面上或玻璃板上,手动筛选,双手以 110~120 次/min 的速度筛动,按顺时针方向筛动 1 min,之后再按逆时针方向筛动 1 min。注意筛动的范围应保证比选筛直径扩大 8~10 cm。筛选结束后收集好筛上物和筛下物。

四、检验过程

(一)大样杂质检验

首先从平均样品中分取试样 500 g(精确到 1 g),按照上述筛选方法分别进行两次筛选,之后将上层筛的筛上大型杂质(若粮食籽粒外壳剥下留在上层筛的筛上均归为杂质),以及下层筛的筛下物共同进行合并,精确称量(精确到 0.01g)。

(二)小样杂质检验

首先从检验过大样杂质的试样中分取试样 100 g,小样质量小于或等于 100 g 时,精确到 0.01 g(小样质量大于 100 g 时,精确到 0.1 g),将小样倒入分析盘,根据规定的质量标准将杂质拣出,之后精确称量(精确到 0.01 g)。

(三)矿物质检验

将矿物质杂质从上述小样杂质中拣出,精确称量(精确到 0.01 g)。

(四)不完善粒检验

在检验小样杂质的同时,根据规定的质量标准将不完善粒拣出,精确称量(精确到 0.01 g)。

五、检测报告

大样质量,单位为克(g);大样杂质质量,单位为克(g)。以上述量设计方程求解大样中杂质含量,单位为百分数(%)。精密度要求在重复性条件下获得的两次独立测定结果的绝对差值不得超过 0.3%,测试结果为平均数,保留到小数点后一位。

小样质量,单位为克(g);小样杂质质量,单位为克(g);大样中杂质百分含量,单位为百分数(%)。以上述量设计方程求解小样中杂质含量,单位为百分数

（％）。精密度要求在重复性条件下获得的两次独立测定结果的绝对差值不得超过 0.3％，测试结果为平均数，保留到小数点后两位。

　　矿物质质量，单位为克（g）；小样质量，单位为克（g）；大样中杂质百分含量，单位为百分数（％）。以上述量设计方程求解矿物质质量，单位为百分数（％）。精密度要求在重复性条件下获得的两次独立测定结果的绝对差值不得超过 0.1％，测试结果为平均数，保留到小数点后两位。

　　不完善粒质量，单位为克（g）；小样质量，单位为克（g）；大样中杂质含量，单位为百分数（％）。以上述量设计方程求解不完善粒质量分数，单位为百分数（％）。精密度要求在重复性条件下获得的两次独立测定结果的绝对差值。大粒、特大粒粮小于或等于 1.0％，中小粒粮小于或等于 0.5％，测试结果为平均数，保留到小数点后一位。

第三节　紫玉米中花青素的测定

一、高效液相色谱法测定紫玉米中前花青素

（一）实验原理

　　前花青素是由黄烷 – 3 – 苯儿茶酚与表儿茶精连接而成的一类易溶于水的化合物。依据氰定的原理，在加热酸性条件与铁盐催化作用下，试样中前花青素单体或聚合物中 C – C 键断裂生成深红色的花青素离子，经高效液相色谱仪 C_{18} 反相柱分离，在 525 nm 波长处检测，通过保留时间进行定性，外标法进行定量，测定出试样中原花青素含量。

（二）试样处理与提取

　　所有实验过程中应注意避免阳光直射。选取适量紫玉米，研磨成粉状，根据试样中前花青素含量，精确称取试样 0.2～3.0 g（精确至 0.000 1 g），转入 50 mL 棕色容量瓶中，之后向其中加入甲醇 30 mL，将装有试样和溶液的容量瓶超声处理 20 min，之后冷却至室温，用甲醇定容至刻度，摇匀，以 3 000 r/min 的转速离心 10 min，或者经放置后获得澄清溶液，取上清液备用。

　　高油紫玉米试样：根据试样中前花青素含量，精确称取试样 0.2～3.0 g（精确至 0.000 1 g），将试样置于 50 mL 小烧杯中，之后加入二氯甲烷 5 mL，使试样溶解，

然后将试样液转入到 50 mL 容量瓶中,反复用甲醇冲洗烧杯多次,一并将溶液转入到 50 mL 棕色容量瓶,最后用甲醇定容至刻度,摇匀。

紫玉米浆:根据试样中前花青素含量,准确吸取 1～5 mL 样液,置于 50 mL 容量瓶中,用甲醇定容至刻度,摇匀。

(三)水解反应

准确量取 15 mL 正丁醇–盐酸混合溶液(正丁醇体积:盐酸体积＝95:5),置于具塞锥形瓶中,分别向其中加入 0.5 mL2％硫酸铁铵溶液、2 mL 试样溶液,混匀后,将具塞锥形瓶连接冷凝装置,置于沸水浴加热回流 40 min,取出后立即经冰水冷却,然后用 0.45 μm 微孔滤膜过滤,滤液待测。

(四)检验过程

1. 标准曲线制备

准确吸取浓度为 1.0 mg/mL 的前花青素标准溶液 0.10 mL、0.25 mL、0.50 mL、1.0 mL、1.5 mL 分别置于 5 个 10 mL 棕色容量瓶中,以甲醇为溶剂定容至刻度并摇匀。分别吸取标准溶液 2 mL,先进行水解,处理方法与试样水解反应相同,进高效液相色谱分析后,以前花青素标准溶液浓度为横坐标,以峰高或峰面积为纵坐标,作标准曲线。

2. 液相色谱参考条件

色谱柱为耐低 pH 型的 ODSC$_{18}$柱,4.5 mm×150 mm,5 μm;柱温为 35 ℃;检测器为紫外检测器;检测波长为 525 nm;流动相为水:甲醇:异丙醇:甲酸＝73:13:6:8;进样量为 10 μL;流速为 1.0 mL/min。色谱分析时,准确吸取标准溶液及试样溶液并注入高效液相色谱仪中,通过保留时间对前花青素定性,定量则是以试样峰高或峰面积与标准进行比对计算。

(五)检测报告

从标准曲线上查得的前花青素含量,单位为毫克每毫升(mg/mL);试样质量,单位为克(g);试样定容体积,单位为毫升(mL);稀释倍数 f。以上述量设计方程求解试样中前花青素的含量,单位为克每千克或克每升(g/kg 或 g/L)。精密度要求在重复性条件下获得的两次独立测定结果的绝对差值小于算术平均值的 10％,测试结果为三位有效数字。

二、高效液相色谱法测定紫玉米中花青素

(一)实验原理

紫玉米中花青素主要以花色苷形式存在,将试样使用乙醇 – 水的强酸溶液在超声波作用下提取花色苷,之后在沸水浴条件下将花色苷水解获得花青素,使用高效液相色谱仪进行分析,通过保留时间进行定性,利用外标法进行定量,测定出试样中花青素含量。

(二)试剂配制

试样提取液为乙醇 – 水的盐酸溶液:无水乙醇:水:盐酸 = 2:1:1(体积比),分别量取无水乙醇 200 mL、蒸馏水 100 mL、盐酸 100 mL,将其混匀。

10% 盐酸甲醇溶液:分别量取 10 mL 盐酸、90 mL 甲醇混匀,盐酸:甲醇 = 1:9(体积比)。

500 mg/mL 的单标储备液单标储备溶液:分别精确称取飞燕草色素、矢车菊色素、矮牵牛色素、天竺葵色素、芍药素和锦葵色素 6 种花青素标准品各 5.0 mg,之后以 10% 盐酸甲醇溶液作为溶剂,将标准品溶解后,分别转入 6 个 10 mL 容量瓶中定容。单标储备液在 – 18 ℃下的密闭棕色玻璃瓶中保存期限为 6 个月。

混合标准使用液:将单一标准储备液混合,用 10% 盐酸甲醇溶液将混合后的储备液分别转入 5 个 10 mL 容量瓶中定容,分别稀释成浓度为 0.5 mg/L、1.0 mg/L、5.0 mg/L、25.0 mg/L、50.0 mg/L 的混合标准使用液。混合标准使用液在 4 ℃条件下贮藏保存期限为 6 个月。

(三)试样制备与提取

采用四分法分取样品,称取约 200 g 含水率高的紫玉米样品,将其置于匀浆机中匀浆;对于含水率低的紫玉米样品,先使用粉碎机将样品粉碎,之后过 250 μm 的筛,取筛下物待用。所有样品均要求在 – 18 ℃条件下保存。

准确称取试样 1.00 ~ 10.00 g(依据样品中花青素含量确定具体称量的质量),将试样转入 50 mL 具塞比色管中,加入提取液乙醇 – 水的盐酸溶液溶解试样,之后定容至刻度,摇匀 1 min,之后超声提取 30 min。

(四)水解

试样经超声提取后,转入沸水浴中加热水解 1 h,取出后立即冷却,之后用提取液乙醇 – 水的盐酸溶液再次进行定容。静置后取上清液,用 0.45 μm 水相微孔滤膜进行过滤,滤液待测。制备好的样品必须保存在 4 ℃条件下保存,时间最长不超过 3 d。

(五)色谱测定

色谱条件:色谱柱为 C_{18} 柱,250 mm×4.6 mm,5μm(或性能相当者);流动相 A 为1%甲酸水溶液,流动相 B 为1%甲酸乙腈溶液;检测波长为530 nm;柱温为 35 ℃,进样量为 20 μL。梯度洗脱条件,见表6-1。

色谱分析:准确吸取标准溶液及试样溶液注入高效液相色谱仪中,通过保留时间对试样定性,定量是以试样峰面积与标准溶液峰面积比较定量。

表6-1 梯度洗脱表

时间/min	流速/(mL·min⁻¹)	流动相 A/%	流动相 B/%
0.0	0.8	92.0	8.0
2.0	0.8	88.0	12.0
5.0	0.8	82.0	18.0
10.0	0.8	80.0	20.0
12.0	0.8	75.0	25.0
15.0	0.8	70.0	30.0
18.0	0.8	55.0	45.0
20.0	0.8	20.0	80.0
22.0	0.8	92.0	8.0
30.0	0.8	92.0	8.0

(六)检测报告

从标准曲线上查得的各花青素质量浓度,单位为毫克每毫升(mg/mL);试样质量,单位为克(g);试样定容体积,单位为毫升(mL)。以上述量设计方程求解试样中花青素的含量(6种花青素含量之和),单位为毫克每千克(mg/kg)。精密度要求在重复性条件下获得的两次独立测定结果的绝对差值小于算术平均值的10%,测试结果为三位有效数字。

三、分光光度法测定紫玉米中花青素

(一)实验原理

以盐酸-乙醇混合溶液对样品进行提取,经离心分离后,在酸性条件下花青素类化合物呈现红色,在520 nm 波长下有最大吸收,利用可见分光光度计测定吸光度,与标准系列比较定量。

（二）试剂配制

盐酸－乙醇混合溶液：准确吸取 8.0 mL 浓盐酸，用无水乙醇稀释，转入 1 000 mL 容量瓶，定容。

200 mg/L 的标准储备液：准确称取矢车菊素 0.01 g（精确至 0.000 1 g），置于 50 mL 容量瓶中，使用盐酸－乙醇混合溶液溶解后定容，标准储备液贮存在 4 ℃密闭棕色试剂瓶中避光保存。

（三）样品处理、溶液制备及测定

样品先进行风干处理，使其水分含量小于 15%。分取样品籽粒，经万能粉碎机粉碎后，将其全部通过 0.25 mm 孔径筛，筛下物密封，避光条件下冷藏。

准确称取样品 0.200 0～3.000 0 g（在此称量范围内，样品的花青素含量为 0.5～2 g/kg），将样品置于 100 mL 三角瓶中，用盐酸－乙醇混合溶液 40 mL 充分溶解，将三角瓶置于超声波清洗器中，以 30 ℃条件提取 30 min，之后将提取液转移到 100 mL 容量瓶中；向上述三角瓶中（其中含有未完全转入 100 mL 容量瓶的样品）继续加入盐酸－乙醇混合溶液 20 mL，在 30 ℃下超声提取 10 min，之后将提取液转移到同一容量瓶中，按此步骤再重复操作 1 次，合并所有提取液到 100 mL 容量瓶中，之后用盐酸－乙醇混合溶液定容，摇匀。从 100 mL 容量瓶中分取提取液 10 mL，以 10 000 r/min 转速离心 10 min，吸取上清液，待测。

取样品溶液于比色皿中，以盐酸－乙醇混合溶液为空白对照液，在波长 520 nm 下测定吸光度值。要求样品溶液制备后，尽早进行比色测定操作，要求在样品溶液制备后 4 h 内完成测定。

（四）标准曲线绘制

准确吸取 0.00 mL、0.10 mL、0.25 mL、0.50 mL、1.00 mL、1.50 mL、2.00 mL 浓度为 200 mg/L 的标准储备液，分别置于 7 个 50 mL 容量瓶中，以盐酸－乙醇混合溶液为溶剂，定容至刻度，使系列标准溶液的浓度分别为 0.0 mg/L、0.4 mg/L、1.0 mg/L、2.0 mg/L、4.0 mg/L、6.0 mg/L、8.0 mg/L。

将上述系列标准溶液分别置于比色皿中，以盐酸－乙醇混合溶液为空白对照液，在 520 nm 波长下测定吸光度。以系列标准溶液的浓度为横坐标，相应的吸光度为纵坐标，绘制标准曲线。

（五）检测报告

从标准曲线上查得的矢车菊素含量，单位为毫克每升（mg/L）；试样质量，单位为克（g）；试样定容体积，单位为毫升（mL）。以上述量设计方程求解试样中花青素的含量，单位为克每千克（g/kg）。精密度要求在重复性条件下获得的两次独立测定结果的绝对差值小于算术平均值的 5%，测试结果为三位有效数字。

第七章　爆裂玉米品质分析与检验

第一节　爆裂玉米的品质要求

一、爆裂玉米简介

爆裂玉米(*Zea mays L. everta Sturt*)又被称为爆花玉米、麦玉米、珍珠玉米、爆花米,是玉米的八大亚种之一。爆裂玉米是专门用于制作食用玉米花的一种特殊的玉米类型。根据国外考古专家推测,爆裂玉米起源于墨西哥的中部地区。在爆裂玉米进入商业化生产之前,它只是被植物学者和部分农户作为庭院植物或者作物标本种植,爆裂玉米的实用价值和生产价值还没有引起人们的注意。自1880年美国开始将爆裂玉米进行商业化生产,经过几十年的努力,从1910年起,农户广泛种植爆裂玉米,1912年爆裂玉米在美国的种植面积已初具规模,种植区域主要集中在艾奥瓦州,在得克萨斯州、明尼苏达州等地也有小范围种植。随着爆裂玉米的迅速发展,美国爆裂玉米种植面积和范围逐年递增,近年来美国爆裂玉米的年播种面积已经达到70公顷年产值超过20亿美元。

爆裂玉米与其他类型玉米相比,在籽粒的形态结构和营养成分方面都有很大区别。爆裂玉米最突出的特点是硬质胚乳的小粒玉米。在爆裂玉米硬质胚乳外有一层皮层,它紧密并具有弹性,有极好的隔水性,对加热产生的蒸汽有显著的防扩散作用。一般将爆裂玉米加热到175 ℃左右时,外皮因受热突然爆开,生产出皮层残留少、口感酥脆的爆米花。基于爆裂玉米突出的膨爆特征,加工而成的爆米花花形大、香味浓郁、色泽金黄、口感松脆、营养丰富且易消化,成为老少皆宜的休闲食品。随着传统农业向产业化发展的进程不断推进,人们的生活水平不断提高,爆裂玉米的市场需求量逐步上升,具有良好食用价值和营养价值的爆裂玉米保健食品也越来越多,因此,国内外玉米育种专家对爆裂玉米育种及研究工作的关注度也逐渐加大。

19 世纪 80 年代,随着美国爆裂玉米花进入工业化生产和商业化后,百余年间,特别是近几十年,世界爆裂玉米产业保持持续增长的态势。我国将爆裂玉米花作为商品已经有 40 余年的历程,在 20 世纪 80 年代初期,我国通过香港哈立克公司从美国进口爆裂玉米和加工机器,年进口量达数千吨,自此大批的科研工作者不断改良和开发爆裂玉米品种。1986 年,我国第一个爆裂玉米新品种"黄玫瑰",由中国农业科学院作物品种资源所育成。随后黄金花、沈爆 1 号、太爆 1 号等适合在我国种植的爆裂玉米新品种陆续推出。1999 年,第一个国家级审定的爆裂玉米新品种"沈爆 2 号",作为我国首个爆裂玉米单交种,开始大面积推广,"沈爆 2 号"的产量与农艺性状均可达到同等级美国爆裂玉米水平。21 世纪,我国又相继选育出豫爆 2 号、津爆 1 号、沈爆 3 号、吉爆 5 号、科爆 201 等优秀品种。随着上海、四川、湖北、新疆、山西、山东、东北地区爆裂玉米形成一定生产规模,国产爆裂玉米逐渐取代了国外爆裂玉米,结束了我国进口爆裂玉米的历史。目前,全国爆裂玉米产品生产加工企业已达数十家,开发的系列化商品在我国各地的中小城市均有销售,而随着爆裂玉米的料理方式、加工方法的增多,焦糖、巧克力、蜂蜜、香草精等加入爆裂玉米的生产中,带来更多的口味选择;同时玉米花还可以与牛轧糖、水果干等进行二次加工,丰富了商品种类。爆裂玉米在常温常压下即可加工成为玉米花,对加工工具没有严格要求,平底锅、微波炉、电动爆花机均可成为人们常见使用的加工工具,爆裂玉米在市场的受欢迎程度与日俱增,爆裂玉米产业发展迅速。

爆裂玉米植株的特点表现为多分枝、多穗、叶窄,籽粒细小、坚挺而透明,几乎全部由角质胚乳组成。有些爆裂玉米品种因果穗小巧精致,籽粒色彩鲜艳且呈半透明状,而被用作室内装饰,但绝大部分产品仍是用于制作玉米花供人们休闲食用。按籽粒形状可将爆裂玉米分为两种:一种为顶部有尖突,称为米粒型;另一种籽粒圆而透明,称为珍珠型。美国区分爆裂玉米的大小是按照每 10 g 质量的籽粒数来判断,大粒型为 52 ~ 67 粒,中粒型为 68 ~ 75 粒,小粒型为 76 ~ 105 粒,其中中粒型的品种占多数。

爆裂玉米籽粒几乎全部由致密的角质胚乳组成,胚乳重占籽粒重的 4/5,其中90% 以上是淀粉。分布在籽粒外圈的大部分为角质淀粉,被角质淀粉包埋在籽粒中间的为粉质淀粉,数量较少。当遇到高温时籽粒爆裂,膨制成香甜酥脆、入口易化的玉米花。这种极好的爆裂性基于几乎全部为角质的胚乳,由坚硬而有弹性的胶质包围的透明淀粉粒,致密的种皮等因素,受热后由于淀粉粒内产生蒸汽压力,气压增大直到超过胶质的承受能力时发生爆炸,整个籽粒炸开而成为玉米花。

通常可用爆花率和膨胀倍数(也叫爆裂膨胀性)来作为衡量爆裂玉米品质的

指标。玉米品种本身的特性和加工条件等因素影响着爆裂玉米的爆裂膨胀性。籽粒大小、果皮厚薄、淀粉类型及构成、含水量、成熟度等本身特性因素,加工方法、加工设备、加工温度、机械损伤等加工条件因素,均会对爆裂膨胀性产生影响。因此,从品种特性角度来看,应不断改良和提高品种本身影响膨胀性的品质特性;从加工销售角度来看,要注意在运输、贮藏和加工过程中避免对爆裂玉米造成损害,尤其是要调节好爆裂玉米的含水量,避免籽粒出现受损受蛀。

二、爆裂玉米品质特点

爆裂玉米的籽粒质地坚硬透明,果穗小且籽粒紧实,颜色较多,但主要为黄色和白色,常见的流通品种颜色多为黄色,经膨爆后裸露物的颜色为乳白色,爆裂后的玉米花形主要为蝶形、球形和菱形。米粒型和珍珠型爆裂玉米均具有极好的膨爆性,在常压下加热即可爆裂。而普通硬粒型玉米通常需要高压加热才能产生爆裂,而甜玉米和黏玉米在高压加热后只能膨胀不能爆裂。

爆裂玉米胚乳成分 90% 为淀粉,淀粉中角质淀粉占 75%,粉质淀粉占 25%。在籽粒中央的粉质淀粉被角质淀粉包裹住,淀粉粒被镶嵌在蛋白质骨架的网眼中,结构紧密,很少出现间隙或孔洞。当籽粒加热时,热量由外向内通过果皮传入到胚乳中,淀粉粒内的液态水被汽化,因其致密的结构使汽化水分回旋余地极小,在籽粒内部形成高压。在加工过程中,胚乳中淀粉爆裂原因是其位于籽粒中央的粉质胚乳中含有较多的水分,遇热水分蒸发膨胀汽化,包裹在外围的角质淀粉同时发生糊化,变成坚韧而有弹性的胶质,而最外层的果皮致密,在整个籽粒中形成一个封闭的加压器,当外部压力骤降,玉米糊向外膨胀,转化为玉米花。

研究人员曾对供试品种进行解剖,针对不同爆裂玉米品种角质淀粉和粉质淀粉在籽粒分布位置的差异,将爆裂玉米分为胚型、胚乳型、分离型和联合型四种类型。联合型爆裂玉米的结构特征为:粉质胚乳从胚外围持续延伸到胚乳中间,形成一个联合体。当籽粒封闭性良好时,联合型作为最为合理的结构,可形成足够的内部压力,同时在籽粒内部各处压力保持均匀。联合型玉米爆裂品质最好,其次是分离型,胚型和胚乳型的爆裂品质较差。

在爆裂玉米解剖结构中,种皮占有非常重要的地位,主要是因为爆裂玉米具有极其坚硬的种皮,这一结构特点是爆裂特性的保证基础。爆裂玉米的种皮厚度为 0.03 ~ 0.08 mm,比普通玉米种皮更为坚韧,导热性更好。种皮中纤维素和半纤维素相结合的致密结构使爆裂玉米具有高机械强度与抗压能力,当加热玉米时,内部产生的压力逐渐升高,达到果皮屈服应力,致密的种皮能够为玉米淀粉糊化提供足够的膨胀压力。当玉米籽粒开裂,果皮受到机械损伤时,爆裂玉米的爆花率和膨爆倍数明显降低,即爆裂性状显著下降。果皮受到机械损伤越大,其膨爆倍数就越低;若果皮被完全剥掉,其膨爆性能将丧失。

爆裂玉米的关键性状即爆裂性状,也就是爆花率和膨爆倍数,是最为重要的品质性状。膨胀倍数是指玉米籽粒遇热产生的膨胀性,可以用爆裂后籽粒体积和未爆裂籽粒体积的比值来表示膨胀倍数的大小,膨胀倍数超过 25 则为优良的爆裂玉米。爆花率是玉米籽粒爆裂的比例,可以用已爆开的籽粒数量和总籽粒数量的比值来表示爆花率的大小,爆花率达到 97% 以上的爆裂玉米为优质品种。

爆裂玉米果皮的导热能力是普通玉米果皮的 1.9 倍,良好的导热特性为膨爆时高温高压条件迅速形成提供了保证。同时也可保证籽粒内部淀粉、蛋白质、脂肪和纤维素等成分变性之前,水蒸气压力达到种皮屈服应力,不易变糊。爆裂玉米籽粒果皮的厚度对玉米花适口性有直接影响。当果皮较厚时,玉米花通常口感较差,有黏牙感;当果皮较薄时,影响玉米花的酥脆度,较薄的果皮导致外部压力变小,与此同时玉米花也变小。爆裂玉米果皮中含有较高的伸展蛋白,以增加爆裂玉米的韧性,进而提高果皮持水性。对于玉米果皮而言,理想状态是,爆花后爆花形状为球形,果皮形成碎片状。因此,可依据理想状态,有针对性开展果皮的品质改良。

爆裂玉米爆花需要满足以下四个条件:爆裂玉米籽粒要饱满、无病虫害,同时达到正常完熟状态;爆裂玉米籽粒含水率应在 13% ~15% 范围内;爆裂玉米籽粒的果皮应完好无损;加热籽粒的温度为 190 ~195 ℃。

爆裂玉米的可遗传特性受加性和非加性效应共同影响,影响更大的是加性效应,因而爆裂性状的遗传力相对较高。玉米的爆裂性是一种由多基因控制的遗传性状。爆裂玉米遗传力一般为 70% ~90%,当其与普通玉米杂交后,后代出现爆裂籽粒概率较高,其遗传方式没有蛋白质和油分含量复杂。在一个遗传基础比较狭窄的群体,经过 15 代改良混合选择,使群体的膨胀倍数从 22.2 提高到 35.8。优良的爆裂玉米品种,一方面应具有优良的爆裂性状,另一方面也应当具有优良的农艺性状、抗病性及较高的籽粒产量。但通常来说,籽粒产量和籽粒爆裂性之间存在着负相关,籽粒体积小、种皮厚实、粒型短宽圆润的品种爆裂性状优良,但与此同时其百粒重减少,产量降低。而爆裂性和玉米花的松脆性之间存在高度的正相关。对 28 个爆裂玉米杂交组合的 15 个农艺性状及品质性状的相关性进行检测发现,穗重、膨爆倍数、蛋白质含量对爆花率的影响为直接作用,穗粗、轴重、轴粗、行粒数、含水量、脂肪含量等对爆花率的影响为间接作用。提高爆花率的同时膨爆倍数也得到提高。相关研究结果表明爆裂性状与胚乳中角质淀粉与粉质淀粉的对比率相关,爆花率与直链淀粉含量(角质淀粉的主要成分)呈显著的负相关,膨胀倍数与直链淀粉含量无显著的负相关。外界环境也是影响爆裂玉米籽粒的膨胀倍数和爆花率的重要因素,如水分含量。当籽粒含水量为13.5%～15%时,爆裂玉米的膨胀倍数和爆裂性最好。因此,对于爆裂玉米的科学探究还需要在品种选育和种植生产技术等方面深入研究,同时还需具有长期的研究规划。

三、爆裂玉米品质影响因素

爆裂玉米的籽粒胚乳组成影响着玉米花的品质,爆裂玉米角质胚乳与粉质胚乳比例为3∶1。胚乳淀粉粒为多面体且胚乳细胞排列紧凑,其表面还附有一层网状基质蛋白,有弹性的胶状物质包裹着淀粉粒。当爆裂玉米外部受热时,内部水分汽化膨胀,同时因种皮和内部致密结构产生良好的密闭性,当蒸汽压力大于外部承受压力后,籽粒完成膨爆。爆裂玉米的膨爆特性受多种因素的影响,其中主要包括果皮、含水量、成熟度、胚和胚乳、粒度和粒型等。

(一)果皮

爆裂玉米果皮主要起保护作用,纤维素和半纤维素是构成果皮的主要成分,二者紧密排列,完整的结构增加了籽粒的承受能力,为籽粒保证了足够的机械强度。当果皮受到一定程度的损伤时,外部压力降低,即使内部有足够的蒸汽压力产生,外部也没有足够的承受能力,因而造成膨爆倍数的降低。果皮受到的机械损伤越大,其膨爆倍数就越低,当果皮完全被剥掉后,其膨爆性能几乎丧失。爆花率与籽粒机械损伤呈现极显著负相关,不同籽粒损伤百分率对爆裂玉米的爆花率有极显著影响,正常籽粒爆花为98.33%,100%损伤籽粒则降为84.27%。经回归方程分析呈现线性关系($P < 0.01$),即籽粒损伤百分率每增加10%,爆花率减少1.53%。籽粒果皮的薄厚影响着玉米花的适口性。果皮较厚,米花有黏牙感;果皮太薄,玉米花小,酥脆度差。理想的玉米果皮是爆花后形成碎片状。

(二)含水量

对爆裂玉米膨爆特性最重要的影响因素之一是含水量,水分含量的多少决定了玉米受热后形成的蒸汽压力的大小。当水分含量较低时,内部形成的压力小,产生的玉米花形态较小,膨爆倍数低;当水分含量较高时,需要预热的时间较长,同时膨爆不充分,因水分过高、受热时间较长,进而导致果皮变软,降低了爆米花的适口性。当爆裂玉米水分含量大于30%时不易爆裂,籽粒含水量大于17%时,脱粒操作过程易造成籽粒损伤,进而降低膨爆倍数。目前对于籽粒公认的含水量应在

11%～14%范围内,含水量为13.5%时,膨爆倍数达到最佳。

对国产球形花爆裂玉米佳球105研究发现,含水量和成熟度是影响膨爆倍数、爆花率、花形及玉米花大小的主要因子,膨爆倍数、花形对水分含量反应最为敏感。含水量13.4%～13.8%范围内膨爆倍数达到27.4～27.5倍,继续增加或降低水分含量则膨爆倍数下降;含水量在13.8%左右时玉米花最大、花形好且球形率较高,继续降低含水量时花形更加圆滑、美观但玉米花变小。采用油炸膨化和微波膨化方式分析爆裂玉米水分含量对膨化率的影响,发现黄玫瑰型爆裂玉米含水量为13.85%时,油炸膨化率最大,含水量为13.67%时,微波膨化率最大,且油炸膨化率大于微波膨化率。不同品种本身的特性及含水量的测定方法都会造成最适含水量的差异。研究还发现爆裂玉米的膨爆系数和含水量呈现极显著水平二次函数关系,利用数学模型法能较为科学、有效地找到最高膨爆倍数所对应的含水量。

(三)成熟度

爆裂玉米的籽粒内部具有致密的结构,内部结构中充实着灌浆。当籽粒成熟度不够,或籽粒内部充实不完全,或内部结构不致密,则相应膨爆品质会下降。利用石爆2号品种授粉后不同天数收获的籽粒做膨爆实验表明,爆裂玉米只有在充分成熟后收获,才能达到理想的工艺品质要求。对不同授粉天数的爆裂玉米进行了爆花实验,结果表明籽粒成熟度好、膨爆系数高、完熟的籽粒才能具有最高的膨爆系数;成熟度不够的籽粒,膨爆系数较低,同时加工能力较低,没有食用价值。授粉天数对爆裂玉米膨爆特性的影响,体现在授粉天数25 d以前籽粒无膨爆价值,膨爆特性增长的关键时期为授粉天数30～40 d,在此时期膨爆系数增长最快,授粉天数40 d后膨爆特性趋于稳定,因此,为有助于提高籽粒的膨爆品质,需在授粉天数30～40 d时,对植株进行恰当的肥水管理。对影响国产球形花爆裂玉米佳球105爆花品质的因子分析发现,成熟度与籽粒体积、粒重、爆花率、膨爆倍数、球花率均呈正相关关系,同等质量的籽粒,成熟度越高、则籽粒体积越小,粒重、爆花率、膨爆倍数、球花率越高。

(四)胚和胚乳

胚中含有丰富的营养成分,这些营养物质对玉米花的营养品质起到至关重要的作用。在爆裂前后,胚的结构几乎无变化,但是对于无胚的玉米花具有更好的适口性。因此在筛选适口性和营养品质两方面均具有较好的性质时,可将胚的相对含量作为筛选依据。

爆裂玉米籽粒绝大部分由致密的角质胚乳组成,膨爆倍数的大小受角质胚乳比例的影响,当角质胚乳比例高时,其膨爆倍数也较高。当爆裂玉米胚乳有裂痕出现时,只要果皮是完好无损的,膨爆特性就不会受到影响。

(五)粒度和粒型

米粒型和珍珠型是爆裂玉米籽粒的两种类型。米粒型籽粒窄长,珍珠型籽粒短圆。美国根据爆裂玉米籽粒数将其分为三种类型,即大粒型、中粒型和小粒型。市场上中粒型品种较多;小粒型品种膨爆倍数好,但产量低;大粒型品种单花体积高,适合做深加工,商业上比较容易接受大粒型爆裂玉米。爆裂玉米的粒度与膨爆特性呈负相关,粒度越大,膨爆倍数越低,

籽粒体积小的品种爆裂性状好,而粒度与爆花率相关性不显著。在食品加工中,通常可根据不同的加工目标来选择不同粒型的品种作为原料。对于膨爆倍数好的样品,5~6 mm 为理想的粒度;对于单花体积大的样品,6~7 mm 为最适宜的粒度。结构为联合型、种皮厚硬的玉米爆裂性状优良。

第二节 爆裂玉米中膳食纤维的测定

一、实验原理

干燥的爆裂玉米试样使用热稳定 α - 淀粉酶、蛋白酶和葡萄糖苷酶三种酶酶解消化,用以去除其中蛋白质和淀粉,之后使用乙醇进行沉淀,经抽滤后用乙醇和丙酮洗涤残渣,干燥后称量得到总膳食纤维残渣。

干燥的爆裂玉米试样使用热稳定 α - 淀粉酶、蛋白酶和葡萄糖苷酶三种酶酶解消化,用以去除其中蛋白质和淀粉,直接抽滤并用热水洗涤,干燥后称量的残渣即为不溶性膳食纤维残渣。

上述不溶性膳食纤维残渣制备时的滤液用 4 倍体积的乙醇进行沉淀,抽滤后干燥称量即为可溶性膳食纤维残渣。

除去上述三类膳食纤维残渣中相应的蛋白质、灰分和试剂空白含量,即可计算出试样中总膳食纤维、不溶性膳食纤维和可溶性膳食纤维含量。

二、酶活性要求

(一)热稳定淀粉酶

以淀粉为底物用 Nelson/Somogyi 还原糖测试的淀粉酶活性:10 000 U/mL ± 1 000 U/mL。1 U 表示在 40 ℃,pH 值为 6.5 环境下,每分钟释放 1 μmol 还原糖所需要的酶量。

以对硝基苯基麦芽糖为底物测试的淀粉酶活性:3 000 Ceralpha U/mL + 300 Ceralpha U/mL。1 Ceralpha U 表示在 40 ℃,pH 值为 6.5 环境下,每分钟释放 1 μmol 对硝基苯基所需要的酶量。

(二)蛋白酶

以酪蛋白为底物测试的蛋白酶活性:300 ~ 400 U/mL。1 U 表示在 40 ℃,pH 值为 8.0 环境下,每分钟从可溶性酪蛋白中水解出可溶于三氯乙酸的 1 μmol 酪氨酸所需要的酶量。

以酪蛋白为底物采用 Folin – Ciocalteau 显色法测试的蛋白酶活性:7 ~ 15 U/mg。1 U 表示在 37 ℃,pH 值为 7.5 环境下,每分钟从酪蛋白中水解得到相当于 1.0 μmol 酪氨酸在显色反应中所引起的颜色变化所需要的酶量。

以偶氮 – 酪蛋白测试的内肽酶活性:300 ~ 400 U/m L。1 U 表示在 40 ℃,pH 值为 8.0 环境下,每分钟从可溶性酪蛋白中水解出 1 μmol 酪氨酸所需要的酶量。

(三)淀粉葡萄糖苷酶

以淀粉/葡萄糖氧化酶 – 过氧化物酶法测试的淀粉葡萄糖苷酶活性:2 000 ~ 3 300 U/mL。1 U 表示在 40 ℃,pH 值为 4.5 环境下,每分钟释放 1 μmol 葡萄糖所需要的酶量。

以对 – 硝基苯基 – β – 麦芽糖苷(PNPBM)法测试的淀粉葡萄糖苷酶活性:130 PNP U/mL – 200 PNP U/mL。1 PNP U 表示在 40 ℃且有过量 β – 葡萄糖苷酶存在的环境下,每分钟从对 – 硝基苯基 – β – 麦芽糖苷释放 1 μmol 对 – 硝基苯基所需要的酶量。

三、试剂配制

0.05 mol/L MES – TRIS 缓冲液:准确称取 2 – (N – 吗啉代)乙烷磺酸 19.52 g、三羟甲基氨基甲烷 12.2 g,之后用 1 700 mL 水将两个试剂溶解,使用 6 mol/L 氢氧化钠溶液调节溶液 pH 值,注意室温不同调节溶液 pH 值有所差别,20 ℃时调节溶

液 pH 值为 8.3,24 ℃时调节溶液 pH 值为 8.2,28 ℃时调节溶液 pH 值为 8.1,
20~28 ℃的其他室温用插入法校正 pH 值。溶液 pH 值调节完毕后,再用蒸馏水将
样品定容至 2 000 mL。

50 mg/mL 蛋白酶溶液:用 0.05 mol/L MES – TRIS 缓冲液将蛋白酶配制成浓
度为 50 mg/mL 的溶液,注意使用前现用现配,配制好后需在 0~5 ℃暂存。

热稳定 α – 淀粉酶液:配制 α – 淀粉酶液活性为 10 000 U/mL ± 1 000 U/mL,
其中要求不得含有丙三醇稳定剂,配制好后需在 0~5 ℃储存。

淀粉葡萄糖苷酶液:配制淀粉葡萄糖苷酶液活性 2 000~3 300 U/mL,配制好
后需在 0~5 ℃储存。

四、试样制备

(一)脂肪含量小于 10% 的试样

当试样中水分含量小于 10%,相对保持较低水平时,将试样直接进行粉碎,同
时反复操作粉碎步骤,使试样能全部过筛,之后将过筛后试样混匀备用。当试样水
分含量大于或等于 10%,水分含量相对较高时,将试样混匀,然后称取试样的质量
需大于或等于 50 g,将称量好的试样在真空干燥箱中以 70 ℃ ±1 ℃温度进行干燥,
之后在干燥器中冷却称重,待试样温度降到室温后将其进行称重,记录质量,反复
操作直至恒重。根据干燥前后不同的试样质量,计算试样因干燥而产生的质量损
失因子。将干燥后的试样利用万能粉碎机等设备反复粉碎,直至试样全部过筛,将
过筛后试样混匀放置在干燥器中备用。有些试样因加热会产生明显的物理化学变
化,对于不宜加热的试样,可以通过冷冻干燥法进行试样干燥处理。

(二)脂肪含量大于或等于 10% 的试样

当试样中脂肪含量较高(大于或等于 10%)时,需对试样进行脱脂处理。称取
试样质量需大于或等于 50 g,将称量好的试样放入漏斗中,之后用石油醚冲洗漏斗
中试样 25 mL∶1 g,反复冲洗 3 次对试样脱脂。将脱脂后的试样混合均匀,干燥处
理,称重,记录质量,反复干燥操作直至恒重。计算试样因脱脂、干燥而产生的质量
损失因子。将试样利用万能粉碎机等设备反复粉碎,直至试样全部过筛,将过筛后
试样混匀放置在干燥器中备用。如不能确定试样中具体的脂肪含量,则将试样先
进行脱脂,然后通过干燥粉碎的方法进行处理。

(三)糖含量大于或等于 5% 的试样

当试样中糖含量较高(大于或等于 5%)时,需对试样进行脱糖处理。称取试

样质量需大于或等于50 g,将称量好的试样放入漏斗中,之后用85%乙醇溶液冲洗漏斗中试样,85%乙醇溶液的加入量与试样比例为10 mL:1 g,反复冲洗3次对试样脱糖。将脱糖后的试样混合均匀,在烘箱中以40 ℃温度进行干燥过夜,之后冷却称重,记录质量,计算试样因脱糖、干燥而产生的质量损失因子。将干燥试样利用万能粉碎机等设备反复粉碎,直至试样全部过筛,将过筛后试样混匀放置在干燥器中备用。

五、酶解

准确分别称取约1 g(精确至0.000 1 g)的两份试样,称重时两份试样的质量差不超过0.005 g。两份试样的操作相同,作为平行实验。将称量好的试样转入400~600 mL高脚烧杯中,之后向其中加入40 mL 0.05 mol/L MES - TRIS缓冲液,使用磁力搅拌器搅拌,使试样在缓冲液中完全分散。为校正试剂对测定产生的影响,应制备两个空白样液,操作与试样液完全相同,并同步进行操作。将上述试样液和空白样液充分搅拌均匀,避免试样结成团块,避免试样在酶解过程中与酶不能充分接触,造成误差。

利用热稳定α-淀粉酶进行酶解的操作:向试样液中分别加入热稳定α-淀粉酶液50 μL并缓慢地进行搅拌,在高脚烧杯上加盖铝箔,将烧杯置于恒温振荡水浴箱中在95~100 ℃温度下持续振摇35 min,从温度升至95 ℃开始计时,准确反应35 min。之后将烧杯取出,内容物冷却到60 ℃,将铝箔盖打开,将附着于烧杯内壁的环状物和烧杯底部的胶状物用刮勺轻轻刮下,并用约10 mL水冲洗烧杯壁、烧杯底部和刮勺。当试样中抗性淀粉含量大于40%时,由于抗性淀粉含量较高可延长热稳定α-淀粉酶酶解时间,由35 min延长至90 min;为更好地将试样淀粉分散,使试样淀粉与酶充分接触,可再加入10 mL二甲基亚砜,以帮助淀粉分散。

利用蛋白酶进行酶解的操作:将装有试样液的烧杯置于60 ℃±1 ℃恒温振荡水浴箱中,分别向烧杯加入蛋白酶溶液各100 μL,用铝箔盖好烧杯。从温度升至60 ℃开始计时,持续振摇准确反应30 min。之后打开铝箔盖,边搅拌边向烧杯中加入3 mol/L乙酸溶液5 mL,使试样温度一直保持在60 ℃±1 ℃。然后用1 mol/L盐酸溶液或1 mol/L氢氧化钠溶液将试样液pH值调节至4.5±0.2。注意:温度降低会使pH值升高,因此需将试样液准确保持在60 ℃±1 ℃时调节pH值。同时注意对空白样液的pH值测定并调节pH值,保证空白样和试样液具有一致的pH值。

利用淀粉葡糖苷酶进行酶解的操作:向装有试样液的烧杯中,一边搅拌一边加入淀粉葡萄糖苷酶液100 μL,用铝箔盖好烧杯,继续于60 ℃±1 ℃恒温振荡水浴箱中持续振摇,反应 30 min。

六、试样测定

(一)总膳食纤维(TDF)测定

1. 沉淀

向每份试样酶解液中,加入已事先预热至 60 ℃ ±1 ℃的 95% 乙醇,95% 乙醇的加入量与试样液体积比 4:1,稀释液预热后体积约为 225 mL。将烧杯盖上铝箔后,置于室温条件下沉淀 1 h。

2. 抽滤

将硅藻土在 525 ℃ ±5 ℃马弗炉中灼烧后加入具有粗面烧结玻璃板,孔径为 40～60 μm 的坩埚中,经干燥称量后,用 78% 乙醇 15 mL 将硅藻土润湿并展平,使用真空抽滤装置抽滤坩埚除去乙醇,抽滤后使坩埚中硅藻土于滤板上平铺。将上一步经沉淀操作获得的试样乙醇沉淀液转入到上述硅藻土平铺的坩埚中,经抽滤后,用刮勺将残渣转入到坩埚中,并用 78% 乙醇冲洗,将高脚烧杯中所有残渣全部转入坩埚中。

3. 洗涤

将坩埚中的残渣分别用 15 mL 78% 乙醇洗涤 2 次,再将残渣用 15 mL 95% 乙醇洗涤 2 次,15 mL 丙酮洗涤残渣 2 次,通过抽滤除去洗涤液,将残渣和坩埚一同置于 105 ℃条件下烘干过夜。将烘干后的坩埚取出后冷却,于干燥器中冷却 1 h,称量,称得的质量为处理后坩埚质量与残渣质量(精确至 0.000 1 g)。将总质量减去处理后坩埚质量即得到试样残渣质量。

4. 蛋白质和灰分的测定

取上述试样残渣 1 份,采用凯氏定氮法测定氮的含量,乘以蛋白质换算系数 6.25,计算得到蛋白质质量;另 1 份试样残渣用于测定灰分含量,将试样残渣置于坩埚中,放入马弗炉在 525 ℃条件下灰化 5 h,之后在马弗炉口冷却到 200 ℃,取出后置于干燥器中冷却,精确称量坩埚和灰分的总质量(精确至 0.000 1 g),将总质量减去处理后坩埚质量即得到试样灰分质量。

(二)不溶性膳食纤维(IDF)测定

按上述方法称取试样并酶解,抽滤洗涤,取已处理的坩埚,用 3 mL 水将硅藻土润湿并展平,使用真空抽滤装置抽滤坩埚除去水,抽滤后使坩埚中硅藻土于滤板上平铺。

将试样酶解液全部转移至坩埚中抽滤,坩埚中的残渣用 10 mL 70 ℃热水洗涤 2 次,收集 2 次滤液并合并,将滤液转入另一 600 mL 高脚烧杯中,用于后续可溶性膳食纤维的测定。残渣按照规定的操作进行洗涤、干燥和称量,记录残渣质量,之后将得到的残渣 1 份测定蛋白质含量,另 1 份测定灰分含量。

(三)可溶性膳食纤维(SDF)测定

收集不溶性膳食纤维测定过程中,抽滤试样酶解液产生的滤液及水洗滤液,装入预先称量好质量的 600 mL 高脚烧杯中,称量烧杯与滤液的总质量,用总质量减去烧杯质量估算滤液体积。将上述滤液加入已事先预热至 60 ℃ ±1 ℃的 95%乙醇,95%乙醇的加入量与试样液体积比为 4:1,将烧杯盖上铝箔后,置于室温条件下沉淀 1 h,之后按 TDF 测定步骤进行抽滤、洗涤、蛋白质和灰分的测定。

七、检测报告

两份试剂空白残渣质量的均值,单位为克(g);试剂空白残渣中蛋白质的质量,单位为克(g);试剂空白残渣中灰分的质量,单位为克(g)。以上述量设计方程求解试剂空白的质量,单位为克(g)。

两份试样残渣质量的均值,单位为克(g);试样残渣中蛋白质的质量,单位为克(g);试样残渣中灰分的质量,单位为克(g);试剂空白的质量,单位为克(g);两份试样取样质量的均值,单位为克(g);试样制备时因干燥、脱脂、脱糖导致质量变化的校正因子 f(试样制备前质量与试样制备前质量的比值)。以上述量设计方程求解试样中膳食纤维的质量,单位为克每百克(g/100 g)。

精密度要求在重复性条件下获得的两次独立测定结果的绝对差值小于算术平均值的 10%,测试结果用算术平均值表示,保留三位有效数字。

第三节　果皮厚度与淀粉类型分析

一、籽粒切片的制备

固定:将完整的玉米籽粒浸没于固定液(0.1 mol/L 磷酸缓冲液,2.5%(V/V)戊二醛,pH 值为 7.2)中,4 ℃固定 48 h。将籽粒沿横向和纵向切成 2 mm 厚的组织块,继续固定 48 h。

漂洗:将样品块用镊子小心转到 2 mL 的离心管中,之后用 0.1 mol/L 磷酸缓冲液清洗 20 min,反复清洗 3 次,每次 20 min。

脱水:分别使用 30%、50%、70%、90% 和 100%(V/V)的乙醇对样品块进行梯度脱水,每次 20 min,其中 100% 的乙醇处理 3 次。

渗透:使用由无水乙醇配制的 25%、50%、75% 和 100%(V/V)的 LR White 树脂在 4 ℃下对样品块进行逐级渗透,每级 24 h,其中 100% 树脂渗透 2 次。

包埋:将渗透好的样品块以目标切面朝下置于提前制备好的带有树脂底座的 2 mL 离心管中,向其中加入 100% LR White 树脂,以保证能完全浸没样品块,用解剖针将样品块轻轻地调整到合适的位置,为排除气泡,需在干燥的环境下静置保持 3 h,之后将离心管盖盖上,放入到 60 ℃的烘箱中,聚合 48 h。

切片:聚合好的包埋块在超薄切片机上进行切片,切片厚度为 2 μm。

二、染色观察

胚乳细胞的染色观察:使用 0.1%(V/V)的荧光增白剂水溶液对切片进行染色以显示胚乳细胞壁。滴加染液于切片上,在 45 ℃的烘片机上染色 10 min;流水冲洗切片 5 min,将染液洗去,继续在 45 ℃的烘片机上烘干,然后在带有 CCD 相机的荧光显微镜下对切片进行观察并拍照。

淀粉粒的染色与观察:使用碘溶液(0.07% I_2(W/V),0.14%(W/V)KI,25%(V/V)Glycerol)对切片进行染色以显示淀粉粒。滴加染液于切片上,染色 10 s 后,立即盖上盖玻片,光学显微镜下观察并拍照。

贮藏蛋白的染色与观察:使用 0.01%(W/V)酸性品红溶液[溶剂为 1%(V/V)醋酸],对切片进行染色以显示贮藏蛋白。滴加染液于切片上,在 45 ℃的烘片机上染色 1 min,之后用流水冲洗切片 10 min,将染液洗去。在 45 ℃的烘片机上烘干。使用带有 CCD 相机的荧光显微镜对染色的切片进行观察并拍照。

三、角质和粉质胚乳的分离

将玉米籽粒置于去离子水中,在 4 ℃条件下浸泡过夜。用锋利的刀片和镊子小心地将果皮、胚和胚乳分离,胚乳又进一步地被分成角质胚乳和粉质胚乳。将分离的果皮、胚、角质胚乳和粉质胚乳放在 80 ℃烘箱中干燥 3 d,然后称其干重。根据干重计算四种成分的质量百分比。

用锋利的刀片从整个胚乳中分离典型的角质胚乳和粉质胚乳。角质胚乳呈现半透明状,分布在胚乳的外围;粉质胚乳呈现不透明状,分布在籽粒的内部。为了获得较纯的角质胚乳和粉质胚乳,分离过程中舍弃角质胚乳和粉质胚乳之间的过渡胚乳。一部分分离出的角质和粉质胚乳经冷冻干燥后,过 100 目筛,得到胚乳粉,用于测定胚乳中淀粉和蛋白质的含量。

四、胚乳淀粉的提取

将胚乳用研钵和杵子充分地碾碎,加入去离子水,将胚乳匀浆化,之后用 100 目筛网过滤匀浆,将残渣继续研磨,并加入去离子水后再次过筛直至无淀粉释放。之后使用 400 目筛网过滤淀粉匀浆,以 5 000g 离心 5 min,将淀粉沉淀悬浮在 0.45%(W/V)焦亚硫酸钠水溶液中,于摇床上振荡 1 h 后,以 5 000g 离心 5 min,此过程重复操作 3 次。将淀粉沉淀悬浮在 0.1 mol/L 氯化钠水溶液中,于摇床上振荡 1 h 后,以 5 000g 离心 5 min,此过程重复操作 3 次。将淀粉沉淀悬浮在 0.2%(W/V)氢氧化钠水溶液中,于摇床上振荡 1 h 后,以 5 000g 离心 5 min,此过程重复操作 3 次。使用去离子水清洗淀粉沉淀 5 次,并在离心后仔细地刮掉沉淀上层非白色淀粉的杂质,再用无水乙醇对白色的淀粉沉淀进行 2 次的洗涤及脱水。将淀粉沉淀放在 40 ℃烘箱中干燥 2 d,100 目筛网过筛获得胚乳淀粉粉末。

五、淀粉酶解特性的分析

将分离得到的淀粉用猪胰腺 α-淀粉酶和黑曲霉淀粉葡糖苷酶进行双酶水解。首先,称量 10 mg 淀粉于 2 mL 离心管中,加入 1 mL 双蒸水和 1 mL 酶液(20 mmol/L 磷酸盐缓冲液,pH 值为 6.0,6.7 mmol/L 氯化钠,0.01% 叠氮化钠,2.5 mmol/L 氯化钙,4 U 猪胰腺 α-淀粉酶,4 U 黑曲霉淀粉葡糖苷酶)。淀粉悬浮液在恒温混匀仪中在 37 ℃下以 1 000 r/m 的转速孵育 0.5 h,1 h,2 h,4 h,6 h,8 h,12 h 和 24 h。经水解后,快速离心淀粉浆(4 ℃,5 000g,5 min),然后使用蒽酮-硫酸比色法测定上清液中可溶性糖含量,最后将其转化为水解的淀粉量。

六、淀粉消化特性分析

称量 10 mg 淀粉于 2 mL 离心管中,向其中加入 1 mL 双蒸水,然后将淀粉悬浮液放于恒温混匀仪中,在 98 ℃下加热 12 min,用以制备糊化淀粉。冷却后的糊化淀粉在 4 ℃下,重结晶 36 h,获得回生淀粉。在糊化和回生淀粉匀浆中再加入 1 mL 酶液(40 mmol/L 磷酸盐缓冲液,pH 值为 6.0,13.4 mmol/L 氯化钠,0.02% 叠氮化钠,5 mmol/L 氯化钙,4 U 猪胰腺 α-淀粉酶,4 U 黑曲霉淀粉葡糖苷酶)。淀粉悬浮液在恒温混匀仪中,在 37 ℃下以 1 000 r/m 的转速孵育 20 min 和 120 min。消化后通过加入 0.1 mol/L 盐酸 240 μL 和 50% 乙醇 2 mL 终止反应,之后在 4 ℃下以

8 000g 离心 5 min,取上清液待测。

上清液中的葡萄糖含量可利用葡萄糖测定试剂盒进行测定。利用不同消化速率计算淀粉的消化情况,在 20 min 内可被消化的淀粉称为快速消化淀粉;在 20 ~ 120 min 内被消化的淀粉称为缓慢消化淀粉;在 120 min 内未被消化的淀粉即为抗性淀粉。

第四节　爆花率与膨爆倍数检验

一、仪器和设备

可控温爆玉米花机,温度可达 230 ℃ 以上,且带有搅拌装置;600 mL 直筒量筒;500 ~ 1 000 mL 锥形量筒;长方形瓷盘或不锈钢盘。

二、操作方法

打开爆玉米花机电源开关,开机后先做 2 次预爆,从第 3 次开始测定。从样品中随机挑选出测试样品 3 份,每份用直筒量筒测量 50 mL。在 50 mL 量筒量取的玉米粒数不足 200 粒时,测试体积可适当增加。爆玉米花机温度设置的依据,可根据预爆时的爆花温度和锅体的升温情况而定。设置好爆玉米花机温度后,称量玉米油,玉米油体积取量为样品体积的 40% ~ 50%,将玉米油加入事先预热好的爆玉米花机中,当温度达到 170 ~ 190 ℃时(根据粒型大小和品种类型选择温度),迅速加入样品,爆裂 2 min 左右,当爆裂声间隔大于 5 s 时,迅速停止加热,取出样品。将样品倒入瓷盘中并平铺样品,冷却 30 s 左右后,将样品匀速地倒入锥形量筒中,记录爆裂后样品的体积,之后将样品再倒入瓷盘中,记录未爆花粒数、已爆花粒数、蝶形或球形粒数。注意有些样品不能作为已爆花进行计数,如已裂开的玉米粒,达不到食用水平的小花等,必要时可将这些样品进行品尝再加以判定。另外,炸出后状态完好而尚未爆花的籽粒,或被玉米花提前带出的籽粒,可按照正常已爆花计数并计算出体积。为减少测定产生的误差,需重复进行测试 3 次,计算样品的爆花率和膨爆倍数,蝶形或球形粒数用于爆裂玉米类型判别。爆裂玉米的质量指标见表 7 - 1。

爆花率:将爆裂玉米放入爆玉米花机中,爆开的正常玉米花的粒数占全部试爆粒数的百分比。

表 7 - 1　爆裂玉米质量指标

等级	膨化倍数	爆花率/%	水分/%	不完善粒		杂质
				总量	生霉粒	
1	≥30.0	≥98.0				
2	≥25.0	≥95.0	11.0～14.0	≤1.0	0	≤0.5
3	≥20.0	≥92.0				

小花率:爆裂玉米开裂,但不能正常食用的玉米花与试爆粒数的百分比。

膨化倍数:选用 50 mL 爆裂玉米进行爆花,将爆裂后的玉米花放入 1 000 mL 的量筒中,计算两者之间的比值,即爆开的玉米体积与爆前玉米体积之比。

膨爆时间:爆裂玉米在爆玉米花机中,以第一个玉米花爆裂开始计时到最后一个玉米花爆裂结束时所用的时间。

三、适口性评价

使用爆裂玉米制作而成的玉米花,要求具有如下的品尝特点:独特香味、口感酥脆、入口即化等。对爆裂玉米花适口性评价的指标主要包括清香度、酥脆度、硬心、易化度(入口容易融化的程度)和黏度。适口性较差的爆裂玉米花有硬心和黏牙感。

清香度:玉米籽粒在爆裂过程中可产生香味。爆裂玉米花香味越大,让人越有食欲,对爆米花的渴望程度就会增加。由此,清香度是筛选适口性好的爆裂玉米花的重要指标之一。玉米花清香度高,分值也高。

酥脆度:玉米花酥脆程度也是影响适口性的重要指标,玉米花越酥脆,适口性越好。

硬心:爆裂玉米制成玉米花后,品尝有硬心,会影响口感,适口性较差。优良的爆裂玉米制成的玉米花无硬心,适口性较好。可通过设定硬心分值来评价米花适口性,硬心越小,其感官评价越好。

黏度:品尝爆裂玉米花时无黏牙感,则为适口性较好的玉米花。可通过设定黏牙程度作为玉米花适口性的评价指标,黏度越小,其感官评价越好。

易化程度:易化程度也是评价玉米花适口性的指标,爆裂效果较好的玉米花入口易化,口感好。易化程度越高,分值越高。

第八章 鲜食玉米储藏品质分析与检验

第一节 鲜食玉米储藏的品质要求

一、鲜食玉米简介

籽粒玉米、青贮玉米和鲜食玉米是玉米三大类型。鲜食玉米是指采集鲜果穗用作食用的各种玉米类型,其乳熟期的玉米果穗,除去苞叶及穗柄后蒸煮至熟即可食用。鲜食玉米包括甜玉米、糯玉米、甜糯玉米及笋玉米。我国鲜食玉米年种植面积约为126.73万公顷,从市场需求和发展前景来看,鲜食玉米在我国玉米总量中占的比重相对较小,有很大的发展空间。甜玉米在1963年被引进中国,大面积推广及应用是在20世纪80年代开始,华南地区以甜玉米为主,东北、华北、西北及华中地区以甜玉米或甜硬杂交型为主栽品种。目前,甜玉米在世界的种植地区主要分布在美国、加拿大、欧洲、日本、中国等。美国人均年消费新鲜甜玉米3.2 kg,冷冻甜玉米1.2 kg,罐头甜玉米6.1 kg,甜玉米创造的农产值超过5亿美元。糯玉米的原产地是中国,1908年美国从中国引入糯玉米后逐渐被传播到世界各地。我国西南地区是糯玉米的遗传多样性中心,具有极其丰富的种质资源。目前,糯玉米在国内的种植区域主要分布在新疆、内蒙古、吉林、四川、云南等省或自治区,种植面积超过66.67万公顷,华东地区、西南地区主要栽培白粒糯玉米。

鲜食玉米是当今世界新开发的十大高档蔬菜品种之一,畅销国际市场。甜、糯、嫩、香是鲜食玉米的突出特点。鲜食玉米食用品质高、口感好、甜度高、皮薄、渣少,富含蛋白质、脂肪酸、维生素、纤维素、叶酸、多种氨基酸和微量元素等营养成分,具有较高的营养价值。鲜食玉米兼具粮、果、蔬三类食物的特性,其能量仅是籽粒玉米的1/4,与普通玉米干籽粒相比,鲜食玉米中淀粉含量明显减少,糖转化率低,属于低糖食品。

甜玉米乳熟期籽粒含糖量较高,淀粉含量少,水分多,味甜突出;糯玉米口感黏甜香糯。鲜食玉米作为理想的营养平衡食品,单独食用便可获得较全面的营养,且风味独特,具有特殊的功能作用,近年来被中国消费者逐渐接受。种植鲜食玉米比普通玉米每亩多收入20%,节省农时1/4。与传统的籽粒玉米相比,鲜食玉米具有生产周期短、市场价格高、种植经济效益高的优势,在生产和消费市场得到快速发展。鲜食玉米生产在种植业结构、粮食生产能力、农业产业化进程、农业效益、农民收入和改善饮食结构等方面发挥了重要的作用,已经成为绿色农业发展的新亮点。

鲜食玉米是以生产未成熟的新鲜果穗为目的,取食乳熟期的新鲜果穗或鲜嫩籽粒的玉米,采收决定了产品的营养价值和商品性,因此适期采收非常重要。采收时间过早,鲜食玉米营养价值低,玉米籽粒太嫩、水分多且干物质含量少,口感差,同时产量也会受到影响;采收时间过晚,鲜食玉米果皮变厚,籽粒太硬,可溶性糖下降,口感失去鲜食的甜嫩香。确定鲜食玉米采收期的方法,可以通过籽粒含水量测定、籽粒中可溶性糖含量测定及吐丝天数计算等方式。研究人员研究鲜食及加工兼用型糯玉米品种鲁星糯1号的采收期,发现采收期与籽粒粗淀粉含量、含水量和可溶性糖含量均呈显著相关,随采收期推迟,粗淀粉含量增加,含水量、可溶性糖含量减少。授粉后20 ~24 d,籽粒粗淀粉含量60.5% ~64.5%,含水量61.9% ~65.4%,可溶性糖含量为6.5% ~6.9%,为适宜的采收期。

上述确定采收期的方法多是以籽粒中水分及可溶性糖含量的变化为基础提出的,受自身品种、环境因素影响较大,年度之间也会产生差异,因而这些评价方式具有其不确切性,籽粒中水分及可溶性糖含量的标准也不易掌握。鲜食玉米籽粒中含糖量的变化及籽粒灌浆均与有效积温呈现一定的对应关系,同时在不同年度间处于稳定的状态,因此,还可以将有效积温作为确定鲜食玉米采收期的一个较为可靠的参数。普甜玉米最佳采收期是在吐丝后的有效积温达到270 ℃时;超甜玉米适宜采收期是在吐丝后的有效积温达到300 ℃时。对糯玉米杂交种申科糯1号最适采收期的研究发现,当采收期为24 d,有效积温达到367.85 ℃时,产量和品质之间达到最佳平衡点,折合产量为9 238 千克/公顷,品质综合评分最高。

二、鲜食玉米营养成分的变化

鲜食玉米乳熟期具有较高的营养价值和独特的风味,是鲜食玉米加工采收的重要时期,它决定了加工产品的感官特征、营养价值和商品性。了解乳熟期主要营养成分的变化对鲜食玉米采收期的确定至关重要。

(一)水分的变化

玉米籽粒的含水量通常是作为鲜食玉米采收的指标之一。不同玉米品种或部位,在各发育阶段玉米穗轴中含水量一直高于籽粒的含水量,这是由籽粒在发育过程中启动灌浆及维持灌浆速率所决定的。在授粉后 16 d 以后,乳熟期的玉米籽粒含水量呈现逐渐下降的趋势,并处于一个脱水的状态,此时籽粒固形物的积累与脱水率的大小呈正相关,有利于糖分的积累。此外,籽粒含水量的差异还受气候、灌溉等条件的影响。

甜玉米在授粉后 18 ~ 30 d 内,籽粒含水率呈现下降的趋势,普甜玉米逐天下降的梯度为 0.91%,加强甜玉米为 0.96%,而加强甜玉米灌浆速度略高于普甜玉米。超甜玉米在授粉后 18 d 籽粒含水量比普甜玉米高约 5%,但其下降速率明显高于普甜玉米,授粉后 22 d 时无显著差异。糯玉米授粉后 18 d 籽粒含水量和普甜玉米无显著差异,其递减速率为 1.95%,与甜玉米相比,水分降解快。

(二)总糖的变化

鲜食玉米的采收一般在总糖含量最高时采收,此时可充分保证鲜食玉米具有良好的风味和口感。乳熟期总糖的变化总体上呈现先上升后下降的趋势。蔗糖和果糖在乳熟期也呈现先上升后下降的变化趋势,而葡萄糖变化有所不同,在授粉后 16 ~ 22 d 呈现逐渐减少的趋势。糖含量的变化受促进糖合成酶活性及糖向淀粉转化的酶活性影响,这些酶主要为 ADPG - 焦磷酸化酶、UDPG - 焦磷酸化酶、可溶性酸性蔗糖转化酶、蔗糖合成酶等,在鲜食玉米采收期这些酶的活性保持较高水平。

蔗糖及可溶性糖的含量在不同类型玉米间表现出明显的差异,而各类型玉米间还原糖含量无差异。蔗糖含量的高低在超甜玉米、普甜玉米和普通玉米之间存在着明显差异。超甜玉米维持较高糖含量的时间较长,即适宜的果穗采收时间要长些。甜玉米籽粒形成初期蔗糖含量最高,随后急剧下降,授粉后 20 d 时达到整个籽粒发育过程中的最低值,之后蔗糖含量随籽粒的发育而增加,蔗糖含量在授粉后 30 d 达到峰值。糯玉米的可溶性糖含量在授粉后 18 ~ 30 d 均呈下降趋势,18 d 时鲁糯 1 号为 10.6%,递减速率分别是每天 0.34%,与甜玉米相比水分降解快,含糖量递减慢,说明灌浆速度快,生产上表现为适采期短。

环境条件对玉米中糖含量影响较大,暖年时玉米还原糖含量较低而蔗糖含量较高;凉年时玉米还原糖含量较高而蔗糖含量较低,但总含糖量不受影响。除此之外,土壤和栽培条件等因素也会影响玉米籽粒的含糖量。

(三)淀粉的变化

乳熟期玉米中糖不断地向淀粉转化,导致淀粉含量呈现直线上升的趋势,这一转化过程使鲜食玉米失去其应有的风味和良好的口感。由此可见,淀粉含量对鲜食玉米适时采收很重要。不同类型玉米乳熟期淀粉含量具有显著的差异,普通玉米淀粉积累速度显著快于甜玉米,同时维持线性增长的时间也长,而普甜玉米淀粉积累速度快于超甜玉米。同一时期,糯玉米淀粉含量显著高于甜玉米,且在授粉后20~30 d 淀粉积累速率最快。采收期甜玉米和糯玉米直链淀粉含量呈下降趋势,糯玉米的下降幅度显著高于甜玉米,授粉 30 d 时两者的直链淀粉含量无显著差异;采收期甜玉米和糯玉米支链淀粉增加,糯玉米的积累量和积累速率明显高于甜玉米。申科糯 601 糯玉米在授粉后 18~26 d,淀粉含量随授粉时间的延长而增加,且淀粉含量前期增加缓慢,在后期出现急剧上升趋势,授粉 26 d 时淀粉含量最高为 244.33 mg/g ± 1.06 mg/g,是授粉后 18 d 淀粉含量的 3.54 倍。

(四)蛋白质的变化

乳熟期玉米中蛋白质的变化总体呈现先上升后下降的趋势,变化幅度较小,品种之间存在较大的差异。超甜玉米和普甜玉米的平均蛋白质含量高于普通玉米,超甜玉米蛋白质含量保持最高水平,为普通玉米蛋白质含量的 2 倍,含量为 18 g/100 g 干物质。原因是游离氨基酸向蛋白质转化速率不同,氮代谢系统的强度和数量也存在差异。申科糯 601 糯玉米的可溶性蛋白含量均随着授粉时间的延长呈"下降—上升—下降"的趋势,总体呈降低趋势;鲜食糯玉米的乳熟初期,授粉后 18 d 可溶性蛋白含量最高,授粉后 22~24 d 可溶性蛋白相对稳定,但第 24 d 可溶性蛋白降幅为 28%。乳熟期玉米氨基酸的含量也较多,单粒中蛋白态氨基酸和氨基酸总量积累速度为普通玉米 > 普甜玉米 > 超甜玉米,游离氨基酸则相反。乳熟期甜玉米优质蛋白含量较普通玉米多,赖氨酸和色氨酸含量也比普通玉米高。对在乳熟期至蜡熟期 3 次采收的甜玉米、糯玉米和常规玉米氨基酸含量研究发现,不同玉米类型间氨基酸含量上差异显著,甜玉米的氨基酸总量和必需氨基酸总量均高于糯玉米和常规玉米,必需氨基酸在总氨基酸中的比例以甜玉米最低。

(五)维生素的变化

乳熟期甜玉米的维生素含量变化总体上呈现抛物线趋势,而普通玉米的变化较为平缓。甜玉米之所以能充分表现出其水果和蔬菜的品质特征,原因之一是甜玉米中多种维生素含量普遍高于普通玉米,特别是维生素 C、维生素 E、维生素 A 的含量,鲜食玉米中维生素 A 的含量高达 5~7 mg/g,比普通玉米干籽粒高 3~5 倍。

(六)脂肪和脂肪酸的变化

玉米中 80% 的脂肪为不饱和脂肪酸,并含有卵磷脂、谷固醇、维生素 E 等高级营养素。玉米粒成熟初期,便合成大量脂肪。对京科糯 2000 和农科玉 368 糯玉米籽粒授粉后脂肪的动态变化特征研究发现,脂肪含量和果皮厚度在灌浆初期上升较快,而后逐渐下降。中夏糯 68、京科糯 2000 和万粘 3 号脂肪含量呈单峰曲线变化,授粉后 24 d 之前逐渐增加,24 d 以后缓慢降低。

三、鲜食玉米的品质评价

(一)食用品质

食用品质指的是适口性,又称为蒸煮品质,简单地说就是是否好吃。适口性是鲜食型玉米品种评价标准中最重要的。食用品质的优劣决定了鲜食玉米口感的好坏。影响鲜食玉米食用品质的因素有很多,其中最主要的是果皮、香味、甜度、糯性和脆嫩度。对果皮而言,要保持鲜食玉米具有良好适口性,要求果皮尽可能薄而柔嫩。不同类型的鲜食玉米果皮厚度存在差异,这是由细胞壁厚度、果皮细胞层数、向胚面或背胚面的细胞厚度等决定的。超甜玉米在灌浆前期其胚面果皮对籽粒果皮厚度的影响比较大;糯玉米胚背面果皮厚度与胚面果皮厚度是交替下降的;而普通玉米的胚背面果皮对籽粒果皮厚度的影响比胚面的大。目前对果皮还没有明确具体的量化指标,一般可通过与对照种的比较进行评价。也可以采取将果皮剥离组织,用测微直尺直接测定果皮厚度加以评价。优良甜玉米杂交的种皮厚度为40 ~ 50 μm。

甜度主要与籽粒中糖分含量及其组成有关,尤其是可溶性糖的含量,也是构成风味的主要成分之一。甜度因玉米类型不同而有所差异,而不同地区、不同人群对甜玉米类型的偏爱也有所不同,对超甜玉米而言,一般要求其具有高甜度且质地脆嫩,普通甜玉米要求其甜度适中并具有糯性,糯玉米则要求其糯而柔软,并且略带有甜味。相对于甜玉米,糯玉米更符合我国人们的口味。综上,不同类型玉米均应具有其固有的风味和特色,可以带有体现其特色的特殊风味,但是均不允许带有其他不良的气味。

(二)商业品质

对于鲜食玉米及其产品而言,无论是以新鲜果穗直接上市,还是以整穗速冻或罐藏加工的商品,其商业品质要求最为严格。商业品质包括果穗的外观品质和内在品质,要求玉米果穗的外观品质和内在品质都要保持优良的状态。外观品质包括对玉米苞叶的大小、形状和苞叶形态等的要求。玉米棒大小要适中,苞叶要大,并且新鲜嫩绿,苞叶包被要完整即包裹严而不露穗,最佳的果穗形状为长而呈筒形。在部分地区,苞叶上带小箭叶的品种更受欢迎,尤其是甜玉米。内在品质要求果穗形态美观,以长筒形为好。要求穗型要一致,排列整齐紧密,不秃尖,不缺粒;籽粒要饱满,大小适中,皮薄,均匀,肉厚,无虫咬,无霉变,无损伤;具有乳熟期应有的光泽,粒色泽纯正。对于以鲜穗直接上市的品种,要求其秃尖要尽可能地小,而无秃尖的品种为最好。行数也有一定的要求,小穗品种的行数应在 12 ～ 16 行,大穗品种可更多。辽宁省育成的甜、糯鲜食玉米品种多数穗长 18 ～ 22 cm,秃尖长 2 ～ 5 cm,穗粗 4.5 ～ 5.0 cm,穗行数 14 ～ 16 行,行粒数 34 ～ 40 粒,粒色为黄色或白色,糯玉米穗多为锥形,甜玉米穗多为筒形。

一般来说,籽粒颜色以雪白或金黄色为佳,但不同地区由于喜好不同,籽粒颜色也有喜欢黄、白杂色。近年来,随着玉米品种培育的发展,还出现了一些其他颜色的玉米,如多彩玉米,其籽粒颜色为黑色、红色及多种颜色的混合体。但这些品种在最佳采收期时仅在籽粒顶部表现出程度不同的淡紫色、淡红色或淡蓝色的斑点,其籽粒大部分还是显现黄色或白色的胚乳色。糯玉米由于自身特点的不同,可以适当延迟采收,因而其颜色可以更深。鲜食玉米的穗轴颜色以白色为好,而白粒品种的穗轴必须是白色,黄粒品种可以允许浅色穗轴存在。用于鲜玉米粒加工的穗轴必须是白色。穗长也是鲜食玉米商业品质评价的重要指标之一。不同地区、不同人群对鲜食玉米穗长有不同的喜好。北方地区人群喜欢高产大穗品种,而南方地区人群更注重品质,更受欢迎的是中等果穗品种。国外企业一般要求穗长要在 15 cm 以上。国内企业对穗长的要求有所不同,有的企业要求在 15 cm 以上,有的企业要求为 16 cm 或 18 cm 不等,但至少要长于 15 cm。

(三)加工品质

果穗的大小、形态、色泽、适口性、加工适合性等都是与玉米加工品质密切相关的性状,玉米加工品中原料果穗的要求与鲜穗上市的要求基本相同,但是依据加工的产品不同也有所差别。

加工粒状产品时,对果穗形态和品种的出籽率要求较高。由于机械脱粒会对粒状产品产生一定的影响,因此要求果穗的大小和形态为筒形穗、轴细、粒深并整齐一致,这样才适合加工的要求,使产品保持较高的品质。

整穗加工的产品,其果穗大小和形态是依据产品市场定位和品种选择的不同而确定的,不同企业之间有一定差异,但是穗粗而短的或短锥形品种一般是不受欢迎的,一般企业要求穗长要在 15 cm 以上。

对于罐藏鲜食玉米的生产,由于高温杀菌,会使籽粒颜色发生一定的变化,这与玉米品种有关,因此罐藏鲜食玉米的原料应选择颜色好并且容易保色的品种。

不同品种玉米花丝也有所差异,一般来说,相比紫色或深色花丝生产者偏重选择白色或浅色花丝。

对速冻玉米加工原料,甜玉米品种一般选择的采摘期为花丝抽出后的 23 ~ 25 d,此时鲜玉米的嫩穗的糖含量高,加工质量佳。糯质玉米、高营养玉米的采穗期应以不超过 28 d 为宜。

(四)营养品质

鲜食玉米的营养品质由其所含的可溶性糖、淀粉、蛋白质、氨基酸、微量元素、脂肪酸、维生素、膳食纤维等成分决定。鲜食玉米中淀粉含量明显减少,在其干籽粒中品质较差的蛋白质也得到改善。鲜食玉米中水解氨基酸总量及矿物质含量与杂交玉米相比均高出 1 倍或多倍。超甜玉米中限制性氨基酸赖氨酸和苏氨酸的含量接近或超过了杂交玉米的两倍。此外维生素、纤维素等营养成分在鲜食玉米中均明显增加。由此可见,鲜食玉米营养平衡,单独食用便能够获得较全面的营养。但是目前对鲜食玉米的营养品质并无统一的评价标准。

有色与无色糯玉米的营养成分存在差异。乳熟期采收的黑玉米、紫玉米等有色糯玉米的蛋白质、脂肪、大部分氨基酸及微量元素硒的含量都比无色糯玉米高。授粉后 21 d 鲜穗硒含量也显著高于同时期普通玉米。

对甜玉米而言,可溶性糖含量已有共识,超甜玉米一般要求乳熟期籽粒可溶性糖含量占干重 15% ~ 25%,普通甜玉米可溶性糖含量占干重 10% 以上,加甜玉米可溶性糖含量占干重 10% ~ 20%。糯玉米鲜食期糯性的强弱是由其支链淀粉含量的多少来决定的,通常认为,其直链淀粉含量应低于总淀粉的 3%,并要保持一定的含糖量来改善适口性。鲜食玉米中氨基酸、蛋白质、脂肪、维生素等其他营养物质含量还没有明确的定量标准,但是是以含量高者为优。

第二节　鲜食玉米的霉菌和酵母计数分析

一、平板计数法

(一)样品的稀释

固体和半固体样品:准确称取 25 g 玉米样品置于 500 mL 无菌三角瓶中,向其中加入 225 mL 无菌稀释液(无菌蒸馏水或无菌生理盐水或无菌磷酸盐缓冲液),将混合液充分振摇,或使用拍击式均质器将混合液拍打 1 ~ 2 min,最终制备成样品匀液的比例为 1:10。

液体样品:使用无菌吸管准确吸取 25 mL 样品至盛有 225 mL 无菌稀释液(无菌蒸馏水或无菌生理盐水或无菌磷酸盐缓冲液)且内含适量无菌玻璃珠的无菌三角瓶或无菌均质袋中,将混合液充分振摇,或使用拍击式均质器将混合液拍打 1 ~ 2 min,最终制备成样品匀液比例为 1:10。

用无菌吸管吸取上述 1:10 的样品匀液 1 mL,注入内含 9 mL 无菌稀释液的试管中,用另 1 支新的 1 mL 无菌吸管进行反复地吹吸,或者使用旋涡混合器使样液混合均匀,得到比例 1:100 的样品匀液。之后按上述操作方法依次制备系列稀释样品匀液,递增倍数为 10 倍。注意:每次制备递增 10 倍稀释液时,均要用新的 1 支 1 mL 无菌吸管。依据样品受污染程度的预估,选择合适稀释倍数的样品匀液 2 ~ 3 个,对于液体样品来说,可包括原液。在制备递增 10 倍稀释液时,将适宜比例的稀释液分别吸取 1 mL 样品匀液转入 2 个无菌平皿内,同时作空白对照,即分别吸取 1 mL 无菌稀释液转入 2 个无菌平皿内。之后将冷却至 46 ℃ 的马铃薯葡萄糖琼脂或孟加拉红琼脂 20 ~ 25 mL 及时倾注到平皿中,转动平皿使样液或无菌稀释液与琼脂培养基充分混合均匀,再倒置平板于水平台面,等待培养基在室温下完全凝固。注意:在无菌琼脂培养基倾注前,也可将其置于 46 ℃ ± 1 ℃ 恒温水浴中保温,以避免在倾倒后因琼脂培养基温度高造成菌体死亡,或温度低使部分琼脂培养基凝固。

(二)培养与菌落计数

待琼脂凝固后,将平板正置,然后在 28 ℃ ± 1 ℃ 培养箱中培养,观察,同时记录培养至第 5 d 的平皿结果。可用肉眼进行观察,如必要时可用放大镜或低倍镜,记录不同稀释倍数样液平皿中霉菌和酵母菌落数。以菌落形成单位(colony-forming u-nits,CFU)表示。选择菌落数范围在 10 ~ 150 CFU 的平板,依据菌落的形态差异分别计数霉菌和酵母。如霉菌蔓延生长,并覆盖整个平板时,可记录为菌落蔓延。

(三)结果计算及检验报告

对于同一稀释度两个平板的菌落数,以平均值乘以相应的稀释倍数为计算结果。当两个稀释度平板上菌落数均为 10 ~ 150 CFU 时,以平板(含适宜范围菌落数的平板)菌落数之和,第一稀释度(低稀释倍数)平板个数,第二稀释度(高稀释倍数)平板个数,稀释因子(第一稀释度)设计方程求解样品中菌落数,单位为 CFU。

当所有平板上的菌落数均大于 150 CFU 时,应对稀释度最高的平板计数,其他平板记录结果为多不可计,以平均菌落数乘以最高稀释倍数计算结果。

当所有平板上菌落数均小于 10 CFU 时,应对稀释度最低的平板采取计数,以平均菌落数乘以最低稀释倍数计算结果。

当所有稀释样液的平板上均没有菌落生长时,包括液体原样的平板上也无菌落生长,则以小于 1 的数乘以最低稀释倍数计算结果。

当所有稀释样液的平板上菌落数均不为 10 ~ 150 CFU,有一部分菌落数小于 10 CFU 或大于 150 CFU 时,应以最接近 10 CFU 或 150 CFU 的平均菌落数乘以相应稀释倍数计算结果。

当菌落数在 10 CFU 以内时,以一位有效数字报告;当菌落数在 10 ~ 100 CFU 时,以两位有效数字报告。菌落数 ≥100 CFU 时,前第三位数字采用"四舍五入"原则修约,之后取前两位数字,后面再用 0 代替位数来表示结果;或者也可以采用 10 的指数形式来表示,注意也要按照"四舍五入"原则修约,以两位有效数字报告。当空白对照平板上出现菌落时,证明此次检测结果无效。对于称取质量的样品结果以 CFU/g 为单位进行报告,对于吸取体积的样品结果以 CFU/mL 为单位进行报告,报告可采用霉菌和酵母数一同报告,或分别报告霉菌/或酵母数。

二、霉菌直接镜检计数法

(一)操作步骤

检样的制备:称取或吸取适量待检样品,加入蒸馏水进行稀释,使稀释液最终浓度为 7.9% ~ 8.8%,此时折光指数为 1.344 7 ~ 1.346 0,稀释样品液备用。

显微镜标准视野的校正:按照放大率为 90 ~ 125 倍调节显微镜标准视野,使其直径调节为 1.382 mm。

涂片:将制备好的上述标准稀释样品液,使用玻璃棒均匀地滩涂在事先已洗净的郝氏计测玻片计测室,加盖盖玻片,准备观察。

观测:将制备好的载玻片放置于调节好的显微镜标准视野下进行观测。每 1 个检样,每人应观察 50 个视野。为提高观测结果准确性,同 1 个检样应由 2 人进行观察。

(二)结果计算与检测报告

在标准视野下,发现的霉菌菌丝长度超过标准视野(1.382 mm)的 1/6,或者 3 根菌丝总长度超过标准视野的 1/6(即测微器的一格)时,记录为阳性(+),否则记录为阴性(-)。检验报告为每 100 个视野中全部阳性视野数为霉菌的视野百分数(视野%)。

第三节　鲜食玉米的脂肪酸值检验

一、苯提取法

(一)实验原理

以苯作为提取剂,采用振荡方式提取出鲜食玉米中的游离脂肪酸,使用酚酞作为指示剂,用一定浓度的氢氧化钾标准滴定溶液进行滴定。根据氢氧化钾标准滴定溶液消耗的体积数来计算脂肪酸值。

(二)操作步骤

分取出具有代表性的去杂玉米样品约 40 g(准确至 0.01 g),使用锤式旋风磨将玉米样品粉碎,之后混合均匀,将样品装入到磨口瓶中备用。

1. 试样处理

准确称取制备好的样品约 10 g(准确至 0.01 g),将称量好的样品置于 250 mL的锥形瓶中,之后使用移液管加入苯 50.00 mL,加塞后振摇几秒钟,之后打开塞子放气,然后再盖紧瓶塞,将锥形瓶置于水浴振荡器上振摇 30 min。取下锥形瓶后,将其倾斜静置 1~2 min,使用短颈玻璃漏斗,放入滤纸后进行过滤。弃去初始滤液,收集滤液至少 25 mL 以上于比色管中,盖上比色管塞,滤液备用。收集的滤液不能及时测定时,应盖紧比色管瓶塞,置于 4~10 ℃条件下保存,保存时间不超过24 h。

2. 测定

用移液管从上述滤液中移取 25.00 mL 滤液,转入到 150 mL 锥形瓶中,用量筒加入 25 mL 酚酞乙醇溶液,摇匀后立即用氢氧化钾标准滴定溶液滴定,终点为呈微红色且 30 s 不褪色。记录消耗的氢氧化钾标准滴定溶液的体积数。空白实验用25.00 mL 苯代替滤液,操作步骤和样品测定相同,记录空白实验消耗的氢氧化钾标准滴定溶液体积数。

二、石油醚提取法

（一）实验原理

以石油醚作为提取剂,采用振荡方式提取出鲜食玉米胚芽中的游离脂肪酸,静置过滤后加入乙醇溶液,使用酚酞作为指示剂,用一定浓度的氢氧化钾标准滴定溶液进行滴定。根据下层溶液的颜色的变化确定滴定终点,根据氢氧化钾标准滴定溶液消耗的体积数来计算脂肪酸值。

（二）操作步骤

分取具有代表性的玉米胚芽样品装入到锤式旋风磨中,磨碎后混合均匀,装入到磨口瓶中备用。注意:锤式旋风磨出料管的清理,每磨碎 10 个样品需拆下清理一次。制备好的样品,应及时提取其中的脂肪酸,为避免脂肪酶发生水解,样品放置时间不应超过 2 h。

1. 试样处理

称取制备好的样品约 10 g(准确至 0.01 g),将样品转入到 250 mL 锥形瓶中,之后使用移液管加入石油醚 50.00 mL,加塞后振摇几秒钟,打开塞子放气,然后再盖紧瓶塞,将锥形瓶置于水浴振荡器上振摇 10 min。取下锥形瓶后,将其倾斜静置 1~2 min,使用短颈玻璃漏斗,放入滤纸后进行过滤。弃去初始滤液,收集滤液至少 25 mL 以上置于比色管中,盖上比色管塞,滤液备用。收集的滤液不能及时测定时,应盖紧比色管瓶塞,置于 4~10 ℃ 条件下保存,保存时间不超过 24 h。

2. 测定

用移液管从上述滤液中移取 25.00 mL 滤液,转入到 150 mL 锥形瓶中,用量筒加入 75 mL 50% 乙醇溶液,滴加 1~5 滴酚酞指示剂,摇匀后立即用氢氧化钾标准滴定溶液滴定,使下层乙醇溶液终点为呈微红色且 30 s 不褪色。记录消耗的氢氧化钾标准滴定溶液的体积数。空白实验用 25.00 mL 石油醚代替滤液,操作步骤和样品测定相同,记录空白实验消耗的氢氧化钾标准滴定溶液体积数。注意:在滴定接近终点时,滴定速度要适宜,不宜过快,应剧烈振摇使两相充分接触,反应完全,分层后应在白色背景下辨别下层溶液色泽的变化。

（三）检测报告

上述两种方法的检测报告如下。滴定试样滤液所消耗的氢氧化钾标准滴定溶液体积数,单位为毫升(mL);滴定空白液所消耗的氢氧化钾标准滴定溶液体积数,单位为毫升(mL);氢氧化钾标准滴定溶液的浓度,单位为摩尔每升(mol/L);提取试样所用提取液体积,单位为毫升(mL);用于滴定的试样提取液体积,单位为毫升(mL);试样质量,单位为克(g);试样水分质量分数,单位为百分数(%)。以上述量设计方程求解样品中脂肪酸值,单位为毫克每100克(mg/100 g)。

精密度要求:当测定结果大于10 mg/100 g,在重复性条件下获得的两次独立测定结果的绝对差值应小于2 mg/100 g;当测定结果小于或等于10 mg/100 g,在重复性条件下获得的两次独立测定结果的绝对差值小于两次测定结果算术平均值的15%。测试结果用算术平均值表示,保留三位有效数字。

第四节　鲜食玉米的还原糖检验

一、直接滴定法

(一)实验原理

将碱性酒石酸铜溶液用标准还原糖溶液标定;将试样中蛋白质除去,提取可溶性糖溶液,以亚甲基蓝作为指示剂,在加热条件下,用试样可溶性糖提取液滴定标定过的碱性酒石酸铜溶液,根据试样液消耗的体积计算出还原糖含量。

(二)试样制备

准确称取粉碎或混匀后的玉米试样10~20 g(精确到0.001 g),将称量好的试样转入到250 mL容量瓶中,加入200 mL蒸馏水,将容量瓶置于45 ℃恒温水浴锅中加热浸提1 h,期间不断振摇,使试样中可溶性糖溶解于蒸馏水中,浸提1 h取出冷却,加水定容至250 mL,混合均匀,静置沉淀蛋白质。从250 mL容量瓶中吸取上清液200.0 mL,转入到另一250 mL容量瓶中,缓慢加入乙酸锌溶液和亚铁氰化钾溶液各5 mL,加水定容至250 mL,混匀后,静置30 min,之后用干燥滤纸过滤,将初始滤液弃去,后续滤液备用待测。

(三)碱性酒石酸铜溶液的标定

准确吸取碱性酒石酸铜甲液5.0 mL、碱性酒石酸铜乙液5.0 mL,转入150 mL锥形瓶中,向其中加入10 mL蒸馏水,再加入2~4粒玻璃珠,之后从滴定管中向150 mL锥形瓶中加入约9 mL葡萄糖或其他还原糖标准溶液,将锥形瓶置于电炉上加热,控制在2 min内加热至沸,之后趁热以每2 s一滴的速度继续滴加葡萄糖或其他还原糖标准溶液,当溶液由蓝色变为无色(或微黄色)时为终点,记录消耗葡萄糖或其他还原糖标准溶液的总体积,同时做 3 份平行实验,计算每 10 mL 碱性酒石酸铜溶液相当于葡萄糖或其他还原糖的质量。注意:可根据试样中还原糖浓度的变化,调整标定的碱性酒石酸铜溶液体积,碱性酒石酸铜溶液体积范围为 4~20 mL 碱性酒石酸铜溶液(碱性酒石酸甲液和碱性酒石酸乙液各一半)。

(四)试样溶液预测

准确吸取碱性酒石酸铜甲液 5.0 mL 和碱性酒石酸铜乙液 5.0 mL,转入 150 mL 锥形瓶中,向其中加入 10 mL 蒸馏水,再加入 2~4 粒玻璃珠,将锥形瓶置于电炉上加热,控制在 2 min 内加热至沸,在沸腾状态下,从滴定管中向锥形瓶中滴加试样溶液,滴加速度为先快后慢,滴定过程始终持沸腾的状态,当发现溶液颜色变浅时,再以每 2 s 一滴的速度进行滴定,当溶液由蓝色变为无色(或微黄色)时为终点,记录样品溶液消耗体积。

采用本法测定样品还原糖含量,要求样液还原糖浓度应在 0.1% 左右,如样液中还原糖浓度过高,应将其适当稀释之后再进行正式测定,注意每次滴定消耗样液的体积约为 10 mL,即控制消耗体积与标定碱性酒石酸铜溶液时所消耗的还原糖标准溶液的体积相近;当样液中还原糖浓度过低时,应免去加水 10 mL 步骤,直接加入样品液 10 mL,之后再用还原糖标准溶液滴定至终点,记录标定时消耗的还原糖标准溶液体积与消耗的体积之差,数值相当于 10 mL 样液中所含还原糖的量。

(五)试样溶液测定

准确吸取碱性酒石酸铜甲液 5.0 mL 和碱性酒石酸铜乙液 5.0 mL,转入 150 mL 锥形瓶中,向其中加入 10 mL 蒸馏水,再加入 2~4 粒玻璃珠,之后从滴定管中向 150 mL 锥形瓶中加入加比预测体积少 1 mL 的试样溶液,将锥形瓶置于电炉上加热,控制在 2 min 内加热至沸,之后趁热以每 2 s 一滴的速度继续滴加试样溶液,当溶液由蓝色变为无色(或微黄色)时为终点,记录消耗试样溶液的总体积,同时做 3 份平行实验。

(六)检测报告

标定时体积与加入样品后消耗的还原糖标准溶液体积之差相当于某种还原糖的质量,单位为毫克(mg);样液体积,单位为毫升(mL);定容体积,单位为毫升(mL);试样质量,单位为克(g);系数 F。以上述量设计方程求解样品中还原糖含量,单位为克每 100 克(g/100 g)。

精密度要求:在重复性条件下获得的两次独立测定结果的绝对差值小于两次测定结果算术平均值的 5%。测试结果用算术平均值表示,还原糖含量大于或等于 10 g/100 g 时,保留三位有效数字,还原糖含量小于 10 g/100 g 时,结果保留两位有效数字。

二、高锰酸钾滴定法

(一)实验原理

将试样中蛋白质除去后,试样中还原糖将二价铜盐还原为氧化亚铜,向反应液中加入硫酸铁后,氧化亚铜被氧化为二价铜盐,硫酸铁还原为亚铁盐,经高锰酸钾溶液滴定将氧化还原反应后生成的亚铁盐,通过高锰酸钾溶液的消耗量可以计算出氧化亚铜含量,经查表后可得到还原糖含量。

(二)操作步骤

准确称取粉碎或混匀后的玉米试样 10 ~ 20 g(精确到 0.001 g),将称量好的试样转入到 250 mL 容量瓶中,加入 200 mL 蒸馏水,将容量瓶置于 45 ℃恒温水浴锅中加热浸提 1 h,期间不断振摇,使试样中可溶性糖溶解于蒸馏水中,浸提 1 h 后取出冷却,加水定容至 250 mL,混合均匀,静置沉淀蛋白质。从 250 mL 容量瓶中吸取上清液 200.0 mL,转入到另一 250 mL 容量瓶中,缓慢加入 10 mL 碱性酒石酸铜甲液及 4 mL 氢氧化钠溶液,加水定容至 250 mL,混匀后静置 30 min,之后用干燥滤纸过滤,将初始滤液弃去,后续滤液备用待测。

准确吸取 50.0 mL 处理后的试样溶液,转入 500 mL 烧杯内,加入碱性酒石酸铜甲液 25.0 mL 和碱性酒石酸铜乙液 25.0 mL,将烧杯上盖上一个表面皿,将其置于电炉上加热,控制热源强度,使液体在 4 min 内加热至沸,之后再准确煮沸 2 min,在沸腾状态下,趁热用 G4 垂融坩埚(或已铺好精制石棉的古氏坩埚)抽滤,然后用 60 ℃热水将烧杯和沉淀进一步洗涤干净,直到洗出的液体不呈现碱性为好。把 G4 垂融坩埚(或古氏坩埚)放回上述的原 500 mL 烧杯中,向其中再加入 25 mL 硫酸铁溶液,25 mL 蒸馏水,使用玻棒将烧杯中样液搅拌均匀,并使氧化亚铜完全溶解,之后使用高锰酸钾标准溶液滴定样液,滴定终点为微红色,同时做 3 次平行实验。空白实验是吸取蒸馏水 50 mL 代替试样溶液,向其中加入与测定试样时相同量的碱性酒石酸铜甲液、乙液、硫酸铁溶液及水,操作方法同试样溶液的测定。

(三)检测报告

试样中还原糖质量相当于氧化亚铜的质量,单位为毫克(mg);样液体积,单位为毫升(mL);定容体积,单位为毫升(mL);试样质量,单位为克(g)。以上述量设计方程求解样品中还原糖含量,单位为克每 100 克(g/100g)。

精密度要求:在重复性条件下获得的两次独立测定结果的绝对差值小于两次测定结果算术平均值的10%。测试结果用算术平均值表示,还原糖含量大于等于10 g/100 g时,保留3位有效数字;还原糖含量小于10 g/100 g时,结果保留2位有效数字。

第五节 鲜食玉米的维生素检验

一、维生素 A 和维生素 E 的测定

(一)实验原理

试样中的维生素 A 及维生素 E 皂化处理:对于试样中含有淀粉的,应先用淀粉酶酶解试样,之后进行提取、净化、浓缩后,以 C_{30} 或 PFP 反相液相色谱柱进行分离,使用紫外检测器或荧光检测器进行检测,采用外标法定量分析。

(二)试剂配制

0.500 mg/mL 维生素 A 标准储备溶液:准确称取 25 mg 维生素 A 标准品,用无水乙醇溶解后,转入到 50 mL 容量瓶中,用无水乙醇定容至刻度,配制的该溶液浓度为 0.500 mg/mL。将上述溶液转移到棕色试剂瓶中,密封,在 −20 ℃下避光保存时有效期为 30 d。注意:在临使用前应将溶液回温至 20 ℃,同时要求对溶液浓度进行校正。

1.00 mg/mL 维生素 E 标准储备溶液:分别准确称取 α −生育酚、β −生育酚、γ −生育酚和 δ −生育酚各 50 mg,用无水乙醇溶解后,转入到 50 mL 容量瓶中,用无水乙醇定容至刻度,配制的该溶液浓度为 1 mg/mL。将上述溶液转移到棕色试剂瓶中,密封,在 −20 ℃下避光保存时有效期为 180 d。注意:在临使用前应将溶液回温至 20 ℃,同时要求对溶液浓度进行校正。

10.0 μg/mL 维生素 A,100 μg/mL 维生素 E 混合标准溶液中间液:准确吸取维生素 A 标准储备溶液 1.00 mL 和维生素 E 标准储备溶液各 5.00 mL,转入同一 50 mL 容量瓶中,用甲醇定容至刻度,此溶液中维生素 A 浓度为 10.0 μg/mL,维生素 E 各生育酚浓度为 100 μg/mL。上述混合标准溶液中间液在 −20 ℃下避光保存时有效期为 15 d。

(三)操作步骤

1.试样制备

将一定数量的样品按要求经过缩分、粉碎均质后,储存于样品瓶中,避光冷藏,尽快测定。试样处理过程要求所用的任何容器、器皿都不能含有氧化性物质;对于分液漏斗在活塞玻璃表面应不涂抹油脂;在试样处理过程中应避光操作,避免紫外光照射;试样提取过程要求在通风柜中进行操作。

2.样品皂化

(1)不含淀粉的样品皂化

准确称取 2 ~ 5 g(精确到 0.01 g)固体试样,固体试样需提前进行均质处理,使试样均一,或准确称取 50 g(精确至 0.01 g)液体试样,将其转入到 150 mL 平底烧瓶中,对于固体试样,要在平底烧瓶中加入温水约 20 mL 将其混匀。向平底烧瓶中加入抗坏血酸 1.0 g 和 BHT 0.1 g,混合均匀后,向其中再加入无水乙醇 30 mL,加入氢氧化钾溶液 10 ~ 20 mL,边加溶液边振摇,样液混合均匀后,将平底烧瓶置于 80 ℃恒温水浴振荡器中皂化 30 min,皂化后立即用冷水冷却至室温。皂化液冷却后,若液面上仍有浮油,则需要再加入适量的氢氧化钾溶液,同时适当延长皂化时间,使皂化时间超过 30 min。

(2)含淀粉的样品皂化

准确称取 2 ~ 5 g(精确到 0.01 g)固体试样,固体试样需提前进行均质处理,使试样均一,或准确称取 50 g(精确至 0.01 g)液体试样,将其转入到 150 mL 平底烧瓶中,对于固体试样,要在平底烧瓶中加入温水约 20 mL 将其混匀。向平底烧瓶中加入 0.5 ~ 1.0 g 淀粉酶,混合均匀,将平底烧瓶置于 60 ℃恒温水浴振荡器中震荡 30 min,取出后,向酶解液中加入抗坏血酸 1.0 g 和 BHT 0.1 g,混合均匀后,向其中再加入无水乙醇 30 mL,加入氢氧化钾溶液 10 ~ 20 mL,边加溶液边振摇,样液混合均匀后,将平底烧瓶置于 80 ℃恒温水浴振荡器中皂化 30 min,皂化后立即用冷水冷却至室温。

3.提取

用 30 mL 蒸馏水将皂化液转入到 250 mL 的分液漏斗中,加入石油醚－乙醚混合液 50 mL,振荡萃取 5 min,之后将下层溶液转移至另一 250 mL 的分液漏斗中,再加入石油醚－乙醚混合液 50 mL 再次萃取,之后合并醚层。注意:如果只测定维生素 A 与 α－生育酚,则只需要用单一石油醚作为提取剂。

4.洗涤

用约 100 mL 水洗涤醚层,重复洗涤约 3 次,直至将醚层洗至中性,检测中性时使用 pH 试纸检测下层溶液的 pH 值,待达到中性后将下层水相去除。

5. 浓缩

将洗涤后的醚层,使用约 3 g 无水硫酸钠除水后,将醚层转入 250 mL 旋转蒸发瓶或氮气浓缩管中,用石油醚约 15 mL 冲洗分液漏斗及无水硫酸钠除水 2 次,将醚液一起并入到蒸发瓶内,并将旋转蒸发瓶连接在旋转蒸发仪上,或将氮气浓缩管连接在气体浓缩仪上,置于 40 ℃水浴中,进行减压蒸馏或气流浓缩除干溶剂,待瓶中醚液剩余约 2 mL 时,取下蒸发瓶,用氮气立即吹干。之后再用甲醇作为溶剂,分次将蒸发瓶中残留物溶解并转移至 10 mL 容量瓶中,用甲醇定容至刻度。溶液经 0.22 μm 有机滤膜过滤后,待高效液相色谱测定。

6. 高效液相色谱测定

高效液相色谱测定时,色谱条件如下:色谱柱为 C_{30} 柱(柱长 250 mm,内径 4.6 mm,粒径 3 μm);柱温为 20 ℃;流动相为水和甲醇,梯度洗脱;流速为 0.8 mL/min;紫外检测波长,维生素 A 为 325 nm,维生素 E 为 294 nm;进样量为 10 μL。

(四)标准曲线的制作及样品测定

分别准确吸取维生素 A 和维生素 E 标准系列工作溶液 0.20 mL、0.50 mL、1.00 mL、2.00 mL、4.00 mL、6.00 mL 于 10 mL 棕色容量瓶中,用甲醇定容至刻度,该标准系列中维生素 A 浓度为 0.20 μg/mL、0.50 μg/mL、1.00 μg/mL、2.00 μg/mL、4.00 μg/mL、6.00 μg/mL,维生素 E 浓度为 2.00 μg/mL、5.00 μg/mL、10.0 μg/mL、20.0 μg/mL、40.0 μg/mL、60.0 μg/mL。临用前配制。

1. 采用外标法进行定量

将维生素 A 和维生素 E 标准系列工作溶液分别注入高效液相色谱仪中,测定相应的峰面积,以峰面积为纵坐标,以标准测定液浓度为横坐标绘制标准曲线,计算直线回归方程。

2. 样品测定

试样液经高效液相色谱仪分析,测得峰面积,采用外标法通过上述标准曲线计算其浓度。在测定过程中,建议每测定 10 个样品用同一份标准溶液或标准物质检查仪器的稳定性。

(五)检测报告

标准曲线计算得到的试样中维生素 A 或维生素 E 的浓度,单位为微克每毫升 (μg/mL);定容体积,单位为毫升(mL);换算因子 f(维生素 A:$f=1$;维生素 E:$f=0.001$);试样质量,单位为克(g)。以上述量设计方程求解试样中维生素 A 或维生素 E 的

含量,维生素 A 单位为微克每百克(μg/100 g),维生素 E 单位为毫克每百克(mg/100 g);

精密度要求:在重复性条件下获得的两次独立测定结果的绝对差值不得超过算术平均值的 10%。

二、维生素 B₁ 的测定

(一)实验原理

硫胺素在碱性铁氰化钾溶液中被氧化成噻嘧色素,在紫外线照射下,噻嘧色素发出荧光。在给定的条件下,以及没有其他荧光物质干扰时,此荧光的强度与噻嘧色素量成正比,即与溶液中硫胺素量成正比。如试样中含杂质过多,应经过离子交换剂处理,使硫胺素与杂质分离,然后以所得溶液用于测定。

(二)试剂配制

100 μg/mL 维生素 B₁ 标准储备液:准确称取盐酸硫胺素 112.1 mg(精确至 0.1 mg),相当于硫胺素为 100 mg,盐酸硫胺素需提前使用氯化钙或者五氧化二磷干燥 24 h,之后用 0.01 mol/L 盐酸溶液溶解,并稀释至 1 000 mL,摇匀,在 0~4 ℃冰箱避光保存,保存期为 90 d。

10.0μg/mL 维生素 B₁ 标准中间液:将维生素 B₁ 标准储备液用 0.01 mol/L 盐酸溶液稀释 10 倍,摇匀,在冰箱中避光保存。

0.100 μg/mL 维生素 B₁ 标准使用液:准确移取 1.00 mL 维生素 B₁ 标准中间液,用水稀释后,定容至 100 mL,摇匀。临用前配制。

碱性铁氰化钾溶液:准确吸取 10 g/L 铁氰化钾溶液 4 mL,用 150 g/L 氢氧化钠溶液稀释至 60 mL,摇匀。现用现配,使用时要避光。

(三)操作步骤

1. 预处理

半固体样品或水分含量高样品,使用匀浆机将其均质成匀浆,之后置于冰箱中冷冻保存,使用前将其解冻,之后混合均匀备用。对于干燥试样,要求称取量大于或等于 150 g,将其全部充分粉碎后备用。

2. 提取

准确称取 2~10 g 试样(预计试样中硫胺素含量约为 10~30 μg),将试样转入到 100 mL 锥形瓶中,加入 0.1 mol/L 盐酸溶液 50 mL,将试样充分分散开,之后将锥形瓶盖好,置于恒温箱中于 121 ℃水解 30min,水解结束后,冷却样液至室温,取出,用 2 mol/L 乙酸钠溶液调 pH 值为 4.0~5.0 或者用 0.4 g/L 溴甲酚绿溶液为指示剂,滴定至溶液由黄色转变为蓝绿色。

3. 酶解

将水解液中加入混合酶液 2 mL,在 45~50 ℃温箱中保温过夜,保温约 16 h,待溶液冷却至室温后,将其转入到 100 mL 容量瓶中,用水定容至刻度,混匀、过滤后得到提取液。

4. 净化

先用活性人造沸石装柱,取适量经酸洗处理好的且在水中冷藏保存的活性人造沸石,使用滤纸将其过滤后,置于烧杯中。在盐基交换管柱(或层析柱)的底部铺少许脱脂棉,加水排出棉纤维中的气泡,之后关闭柱塞,再加入水约 20 mL,加入经预先处理的活性人造沸石约 8.0 g(相当于干重 1.0~1.2 g),注意保持盐基交换管中的液面始终要超过活性人造沸石。活性人造沸石柱床的高度不低于 45 mm,否则对维生素 B_1 测定结果有影响。

5. 样品提取液的净化

准确吸取上述提取液 20 mL,加入盐基交换管柱(或层析柱)中,使通过活性人造沸石的硫胺素总量约为 2~5 μg,流速约为每秒 1 滴。先向盐基交换柱加入 10 mL 近沸腾的热水,冲洗盐基交换柱,流速约为每秒 1 滴,之后弃去淋洗液,以此相同重复操作 3 次。使用 2 mL 的刻度试管收集洗脱液,将其置于交换柱下,分两次加入温度约为 90 ℃的酸性氯化钾溶液 20 mL,每次加入 10 mL,流速为每秒 1 滴。待洗脱液冷却至室温后,用 250 g/L 酸性氯化钾定容,摇匀后得到试样净化液。

6. 标准溶液的处理

重复上述操作步骤,取 0.1 μg/mL 维生素 B_1 标准使用液 20 mL 代替试样提取液用盐基交换管(或层析柱)净化,操作同样品提取液处理,即得到标准净化液。

7. 氧化

准确吸取试样净化液 5 mL 分别加入 A、B 两支已标记的 50 mL 离心管中。在避光条件下,在离心管 A 中加入氢氧化钠溶液 3 mL,在离心管 B 中加入碱性铁氰化钾溶液 3 mL,涡旋 15 s;然后分别加入正丁醇 10 mL,再将 A、B 管同时涡旋 90 s。静置分层后吸取上层有机相于另一套离心管中,加入无水硫酸钠 2~3 g,涡旋 20 s,使溶液充分脱水,待测定。用标准的净化液代替试样净化液重复氧化的上述操作。

（四）样品测定

荧光测定条件:激发波长为 365 nm,发射波长为 435 nm,狭缝宽度为 5 nm。依次测定试样空白荧光强度(试样反应管 A)、标准空白荧光强度(标准反应管 A)、试样荧光强度(试样反应管 B)、标准荧光强度(标准反应管 B)。

(五)检测报告

试样荧光强度;试样空白荧光强度;标准管荧光强度;标准管空白荧光强度;硫胺素标准使用液的浓度,单位为微克每毫升($\mu g/mL$);用于净化的硫胺素标准使用液体积,单位为毫升(mL);试样水解后定容得到的提取液的体积,单位为毫升(mL);试样用于净化的提取液体积,单位为毫升(mL);试样提取液的稀释倍数;试样质量,单位为克(g)。以上述量设计方程求解试样中维生素 B_1(以硫胺素计)的含量,单位为毫克每100 克(mg/100g)。

注意:试样中测定的硫胺素含量乘以换算系数1.121,即得盐酸硫胺素的含量。维生素 B_1 在 0.2 ~ 10 μg 呈线性关系,可以用单点法计算结果,否则用标准工作曲线法。以重复性条件下获得的两次独立测定结果的算术平均值表示,结果保留三位有效数字。

精密度要求:在重复性条件下获得的两次独立测定结果的绝对差值不得超过算术平均值的10%。

第九章　玉米的真菌毒素分析与检验

第一节　玉米的真菌毒素污染

一、玉米的真菌毒素污染现状

真菌毒素是由产毒真菌在适宜的环境条件下产生的有毒代谢产物。这类真菌易造成粮食和饲料的污染,依据世界粮农组织的估计,世界范围内占比25%的农作物受到真菌毒素的污染,其中污染较为严重的有黄曲霉毒素、赭曲霉毒素 A 和玉米赤霉烯酮。

我国玉米的年产量在 1.1 亿吨左右,位居世界第二位。但我国玉米较普遍容易受到黄曲霉毒素、赭曲霉毒素和玉米赤霉烯酮的污染,特别是在南方高温高湿的地区,如长江中下游地区,梅雨季节的环境成为霉菌生长及产毒的有利条件,由此南方地区真菌毒素的污染程度相对而言比北方地区略严重。广西玉米中黄曲霉毒素的检出率为 72% 。研究人员发现在内蒙古、宁夏、黑龙江、辽宁、北京、天津、河北、江苏、浙江、湖南、湖北、福建、海南等地采集的 31 份玉米中,黄曲霉毒素的检出率为 83.9% 。在全国 6 省抽取玉米样品 279 份,其中黄曲霉毒素 B_1 检出率高达 75.63% ;在河南省信阳、南阳、鹤壁和濮阳等地采集 86 份玉米、麸皮等样品,黄曲霉毒素 B_1 的检出率达 71.43% ;在全国不同地区采集的 215 份玉米样品,50% 以上检测出黄曲霉毒素。2011 年,蒙牛牛奶被发现黄曲霉毒素 M_1 超标,其原因是奶牛食用了被黄曲霉毒素 B_1 污染的饲料,黄曲霉毒素 B_1 在体内转化成为黄曲霉毒素 M_1。

赭曲霉毒素和玉米赤霉烯酮同时污染粮食与饲料也具有普遍性。2016 年,百奥明饲料添加剂有限公司对猪禽料霉菌毒素的检测结果表明,45% 的样品同时检出赭曲霉毒素和玉米赤霉烯酮 2 种毒素,禽料中 35% 的样品同时检出这 2 种毒素。对东北三省的研究统计发现,玉米赤霉烯酮对玉米及其农副产品的污染严重,在玉米原粮中玉米赤霉烯酮平均含量为 458.4 μg/kg,超标率达到 55%,在玉米副产品中可高达 831 μg/kg,超标率为 75%。2014 年的统计发现在北方地区少数地区污染情况较小。调查显示,谷类中赭曲霉毒素污染率较高,其中玉米的污染率为 4.32%,平均污染水平为 8～80 μg/kg,而最大污染水平达 201 μg/kg。

二、3 种真菌毒素的理化性质

黄曲霉毒素是由曲霉菌在高温和潮湿的环境条件下产生的次生代谢产物。产生该毒素的曲霉菌主要为黄曲霉(Aasperilr flavwr)、寄生曲霉(spreilus parsitca)和集蜂曲霉(Aspergilhes nonhus)等。黄曲霉毒素是一类化学结构相近的化合物,已鉴定出 B_1、B_2、G_1、G_2、M_1、M_2、P_1、Q、H_1、GM、B_2a 和毒醇共 12 种。其基本结构为二呋喃环和香豆素,前者被认为是基本毒性结构,后者可能与致癌性相关,而在二呋喃末端有双键者毒性较强,并有致瘤性。在紫外光的照射下黄曲霉毒素能发出强烈的黄光,黄曲霉毒素 B_1、B_2 类结构为甲氧基、二呋喃环、香豆素、环戊烯酮的结合物,在紫外线下可产生蓝紫色的荧光;黄曲霉毒素 G_1、G_2 类结构为甲氧基、二呋喃环、香豆素和环内酯,在紫外线下可产生黄绿色的荧光。黄曲霉毒素纯品为无色结晶,相对分子质量为 312～346,难溶于水,溶解度范围为 10～20 mg/L,在石油醚、乙烷和乙醚中不溶解,易溶于甲醇、乙醇、氯仿、丙酮等有机溶剂中。黄曲霉毒素在中性及酸性溶液中较稳定,在强酸性溶液中略有分解,在碱性溶液中不稳定,在 pH 值为 9～10 的碱性条件下分解迅速。黄曲霉毒素耐高温,只有在 250 ℃ 以上的高温下才能被破坏,一般的烹调过程对其没有任何影响,黄曲霉毒素 B_1 的分解温度为268 ℃。仅在低浓度范围时,黄曲霉毒素受紫外线影响会被破坏。目前,黄曲霉毒素 B_1、B_2、G_1、G_2 的特性已被完全掌握,同时研究人员从毒物学角度开展了研究,其中毒性最大的是黄曲霉毒素 B_1,被世界卫生组织列为 1A 类致癌物。流行病学调查中发现,黄曲霉毒素污染比较严重或人体实际摄入量较高的地区,肝癌发病率也较高。

玉米赤霉烯酮又称 F2 毒素。玉米赤霉烯酮属于雷索酸内酯甾体同化激素,是玉米在生长、贮存过程中,由禾谷镰刀菌、黄色镰刀菌等真菌产生的有毒代谢产物。在玉米中阳性检出率为 45%,最高含毒量可达到 2 909 mg/kg。玉米赤霉烯酮最早是通过被污染禾谷镰刀菌的发霉玉米中分离获得,1966 年玉米赤霉烯酮的化学结构被确定并正式命名。纯玉米赤霉烯酮为白色结晶,分子式为 $C_{18}H_{22}O_5$,相对分子质量为 318,熔点为 161～163 ℃。纯玉米赤霉烯酮不溶于水、四氯化碳和二硫化碳,微溶于石油醚,易溶于碱性溶液、乙醚、苯、氯仿、二氯甲烷、乙酸乙酯、乙腈、甲醇和乙醇等溶液,在紫外光下玉米赤霉烯酮的甲醇溶液呈现明亮的绿蓝色荧光。玉米赤霉烯酮的甲醇溶液紫外线光谱在 236 nm、274 nm 和 316 nm 三个波长下有最大吸收,红外线光谱最大吸收为 970 nm。玉米赤霉烯酮耐热性高,在 110 ℃下处理 1 h 才被完全破坏,碱性条件下玉米赤霉烯酮的酮环发生水解,造成酯键断裂,玉米赤霉烯酮被破坏,当碱性下降时酯键还可以恢复。自然界中存在五种以上的玉米赤霉烯酮,产生该毒素的真菌在 16 ~ 24 ℃和相对湿度为 85% 时产毒最多,收获后维持潮湿状态的玉米极易受到污染。玉米赤霉烯酮会对生物体造成多种毒性,包括生殖、发育、细胞和遗传方面的毒性,这些毒性作用可引起慢性中毒,导致发育功能丧失,生殖功能严重受损,甚至可导致死亡。

赭曲霉毒素 A 是曲霉属和青霉属中的某些菌种产生的代谢产物。淡褐色曲霉属和硫黄色曲霉属是主要产生赭曲霉毒素 A 的曲霉属。赭曲霉毒素包括赭曲霉毒素 A、赭曲霉毒素 B、赭曲霉毒素 C、赭曲霉毒素 D、赭曲霉毒素 A 的甲酯,以及赭曲霉毒素 B 的甲酯和乙酯等化合物。在这些毒素中毒性最大、分布最广、产毒量最高的就是赭曲霉毒素 A,它与人类健康关系最为密切,同时对农作物的污染最重。

赭曲霉毒素 A 是一种稳定的无色纺晶化合物,是通过酰胺键将 β - 苯丙氨酸与异香豆素相连构成的化学结构,分子式为 $C_{20}H_{18}ClNO_6$,相对分子质量为 403.82。赭曲霉毒素 A 微溶于水,易溶于甲醇等有机溶剂和稀碳酸氢盐溶液中。赭曲霉毒素 A 的乙醇溶液稳定,在冰箱中贮存一年以上不发生变化,在紫外灯照射下赭曲霉毒素 A 呈现明亮的绿色荧光,但其在紫外线下易分解,需避光保存。赭曲霉毒素 A 耐热性强,普通加热处理不能将其破坏,121 ℃高压 3 h 仍不易分解,250 ℃下也无法将其完全降解。赭曲霉毒素 A 因其结构中酚烃基相邻的羧基中的氧原子,或酰胺基中的氧原子都能与分子内的 H 原子结合,分子结构差异很大。赭曲霉毒素 A 带有 Cl,毒性强;赭曲霉毒素 B 则无 Cl,毒性低。赭曲霉毒素 A 的毒性机制主要为影响蛋白质的合成、造成氧化应激损伤、破坏钙离子的动态平衡、抑制线粒体的呼吸作用、破坏 DNA 结构。

三、限量标准

鉴于黄曲霉毒素、玉米赤霉烯酮和赭曲霉毒素 A 在全球范围造成的污染,为减少这 3 种真菌毒素带来的经济损失,降低其对生物体产生的危害,世界各国都对其在玉米及其制品中的含量进行了限制。

世界各国对食品及饲料中黄曲霉毒素的限量标准也有所不同,以欧盟、美国和中国为例,见表 9 - 1(GB 2761—2016;(EU)No 165/2010)。

表9-1　黄曲霉毒素最大限量标准

地区	食品种类	最高允许量/（μg·kg⁻¹）		
		B_1	$B_1 + B_2 + G_1 + G_2$	M_1
中国 （2016）	玉米、玉米面（渣、片）及玉米制品，花生及其制品	20	—	—
欧盟 （2010）	用作即食食品的玉米、稻米、其他果仁、花生和其他油料籽	2	4	—
	用于进一步加工的玉米、稻米、其他果仁和用作即食食品的榛子、巴西果及调味品	5	10	—
美国	食品、用于饲养低龄动物的饲料及尚不知具体用途的玉米和其他谷物	—	15	—

　　对于食品和饲料中的真菌毒素限量标准，很多国家均有相应的规定。在联合国粮食和农业组织发布的世界各国限量标准中，涉及玉米赤霉烯酮发布限量标准的19个国家中，有8个国家对玉米等谷物中玉米赤霉烯酮的限量标准为1 000 μg/kg；有5个国家对其限量标准为200 μg/kg；我国在国家标准GB 2761—2016《食品安全国家标准　食品中真菌毒素限量》对谷物及其制品中玉米赤霉烯酮限量标准要求为60 μg/kg。谷物及其制品中赭曲霉毒素A进行限量的37个国家中，29个国家的限量标准为5 μg/kg，我国也包括在其中。

第二节　玉米黄曲霉毒素的检验

一、玉米中黄曲霉毒素污染控制

（一）采收技术对玉米黄曲霉毒素污染的控制

　　玉米采收前，应对采收设备进行检查，除去设备上的残留物，以充分保证收获和储存的设备设施的正常工作，避免对果实造成不必要的损伤。

　　对于不同品种玉米，根据其果实的用途，选择合适的采收期，对适宜成熟度的玉米进行采收。注意应尽量避免采收过程处于过度潮湿环境，无法避免的情况下应在采收后立即干燥。采收时，应单独采收因病虫侵害、倒伏等造成损伤或死亡的作物植株，必要时剔除这些植株。采收过程应设置多处采样点采集测量水分含量的样本，以便于根据水分含量确定收储方式。采收时，应使用清洁、干燥，无霉变、无昆虫和残留物的运输工具。

采收后应避免玉米作物与土壤接触,要将泥土、秸秆等残留物剔除,防止黄曲霉、寄生曲霉等黄曲霉毒素产毒菌侵染。

(二)储存前处理对玉米黄曲霉毒素污染的控制

玉米采收后应进行预清洁,除去玉米作物潜在携带的真菌或真菌孢子的残留物。采用风选或分拣的方式进行预清洁,使用机械清洁设备要保证不损伤作物。对于需要脱粒加工的玉米穗,为避免脱粒对玉米造成损伤,应预先初步干燥。新采收的玉米作物可采用机械干燥、晾晒等方式应尽快干燥,以降低真菌生长的风险。应确保通过干燥处理将玉米水分含量降至安全水分范围,干燥能力应与储存量匹配。可将新收获的玉米放在配有机械通风的库房,利用循环风或加热空气对仓内水分含量高的玉米进行机械通风干燥,干燥后放在仓内直接储存。在不具备机械干燥条件的情况下,可在洁净场地利用日光对玉米露天晾晒,注意玉米粒不要直接接触地面。为加快水分散失,均匀快速干燥,缩短晾晒时间,可将玉米摊铺成薄层,适时翻动,要避免干燥的玉米粒与未干燥的玉米粒混合。如条件不允许,只能阴干,需保证阴干场所必要的通风。干燥后的玉米粒可使用密度分离器或风力锤进行清除和分选,通过光学分拣、人工分拣或其他方式去除霉变、病斑、虫蚀、生芽、破损粒和异物。清杂时应避免玉米受到损伤。

(三)储存对玉米黄曲霉毒素污染的控制

玉米入库前,应清洁储存设施,去除或降低真菌孢子、作物残留物、动物和昆虫排泄物、泥土、昆虫、石块、金属、玻璃、灰尘等污染物。玉米储存场所应具备良好的干燥和通风设施,保持干燥和通风,避免受雨雪、地下水、冷凝等环境因素或动物和昆虫的侵扰。应建立储存管理制度,采取各种防范措施保证食品原料的安全性。玉米储存过程中应通风良好,避免出现潜在的局部发热现象,有此现象时要将玉米转仓。当玉米出现变质或真菌生长时,需隔离污染的玉米,并进行黄曲霉毒素检测。确认污染后,将污染玉米除去,避免交叉污染,对剩余玉米通风,降低温度和水分含量至合理水平。

应制定玉米进出库及库存期间的检测制度,包括批次界定、采样方案和检测方法,确保食品原料黄曲霉毒素含量水平受到有效监控。应定期监控玉米贮藏温度、湿度或玉米水分含量(或水分活度),保证温度、湿度或安全水分含量(或水分活度)合理。温度异常上升时,采取合理的控制措施避免微生物生长和(或)出现虫害。玉米水分活度应控制在 0.70 以下。

对于黄曲霉毒素含量水平超过食品安全国家标准限值的玉米,应隔离储存,不得用于食品加工。

二、超高效液相色谱法测定黄曲霉毒素 B₁、B₂、G₁、G₂

(一)实验原理

试样中的黄曲霉毒素 B_1、B_2、G_1、G_2 使用70%甲醇溶液进行提取,使用免疫亲和柱对其进行净化、富集后,通过配有大流通池的超高效液相色谱仪进行测定,使用荧光检测器进行检测,采用外标法定量分析。

(二)试剂配制

70%甲醇溶液:准确量取甲醇70体积,加入水30体积,混合均匀。

10 μg/mL 标准储备液:分别准确称取黄曲霉毒素 B_1(AFB_1)、黄曲霉毒素 B_2(AFB_2)、黄曲霉毒素 G_1(AFG_1)、黄曲霉毒素 G_2(AFG_2)标准品0.1 mg(精确到0.01 mg),用70%甲醇溶液溶解,之后定容至 10 mL。将标准储备液置于 −20 ℃ 避光保存。

混合标准液:准确移取适量的 AFB_1、AFB_2、AFG_1、AFG_2 标准储备液于100 mL 容量瓶中,用70%甲醇溶液溶解并定容,得到不同浓度的混合标准液,AFB_1 和 AFG_1 浓度为 100 μg/L,AFB_2 和 AFG_2 浓度为 30 μg/L。将混合标准液置于 −20 C 避光保存。

(三)分析步骤

1. 扦样与分样

根据不同状态样品,可依据单位代表数量、散装扦样法、包装扦样法、流动粮食扦样法、零星收付粮食取样法、特殊目的样等对玉米样品进行取样;根据实际情况采用四分法或分样器法对样品进行分取。

2. 提取

使用高速粉碎机将样品粉碎,将粉碎后样品过孔径为 1 mm 的实验筛,混合均匀。准确称取 500 g 有代表性样品,作为待测试样。准确称取充分混合均匀的试样25.0 g(精确到0.1 g),转入到均质杯中或者250 mL 三角瓶中,向其中加入氯化钠50 g、70%甲醇水溶液100 mL,使用均质器在高速搅拌的条件下提取 2 min,或者使用调速多用振荡器充分振荡提取 30 min,用定量滤纸进行过滤或将提取液 25 mL 转入到50 mL 离心管中,使用离心机以 5 000 r/min 转速离心 5 min。之后吸取滤液或取离心后的上清液 10 mL 转入到另一离心管中,向其中加入 40 mL 水稀释并混合均匀,将滤液用玻璃微纤维滤纸过滤,或使用离心机以 7000 r/min 离心 10 min,滤液或离心液收集备用。

3. 免疫亲和柱净化

在 20mL 玻璃注射器下端连接免疫亲和柱,准确吸取上述滤液或离心液 20.0 mL,注入注射器中。将注射器与空气压力泵相连接,将压力调节到合适位置,以使溶液每秒 1 滴的流速,缓慢地流过免疫亲和柱,使其全部通过免疫亲和柱,直到有部分空气进入亲和柱中。先用水 10 mL 淋洗免疫亲和柱 2 次,使其流速保持在每秒 1 ~ 2 滴,直到有部分空气进入亲和柱中,此时将全部流出液弃去,抽干免疫亲和柱。再准确吸取 1.0 mL 色谱纯甲醇加入柱子中进行洗脱,使其流速保持在每秒 1 滴。之后将全部洗脱液收集到样品瓶中,准确向其中加入水 0.4 mL,经涡旋混合 30 s 后,过 0.22 μm 有机相微孔滤膜,作为待测样液,供液相色谱测定。空白实验为不称取试样,按上述提取和净化步骤进行空白实验。平行实验按上述提取和净化步骤,对同一试样进行平行实验测定。若亲和柱生产厂家明确操作程序,并且与本处理方法不同,应参照免疫亲和柱厂家提供的操作说明和程序使用。

(四)标准曲线的制作及试样溶液的测定

1. 标准曲线的制作

首先制备系列混合标准溶液,根据需要准确吸取适量混合标准溶液,用色谱纯甲醇进行稀释定容,配制成系列标准工作液,系列标准工作液 AFB_1 和 AFG_1 浓度为 0.1 ~ 50 μg/L,AFB_2 和 AFG_2 浓度为 0.03 ~ 15.0 μg/L,备用。混合标准溶液在 4 ℃ 下避光状态密封保存,有效期为 7 d。

将上述黄曲霉毒素 B_1、B_2、G_1、G_2 混合标准工作液按照浓度从小到大的顺序准确移取 10 mL,加入水 0.4 mL,涡旋充分混合 30 s,依次注入高效液相色谱仪中,测定相应的峰面积。以黄曲霉毒素 B_1、B_2、G_1、G_2 标准工作溶液的浓度为横坐标,相应的黄曲霉毒素 B_1、B_2、G_1、G_2 对应的色谱峰峰面积为纵坐标绘制标准曲线,计算直线回归方程。

2. 样品测定

待测样液经高效液相色谱仪分析,要保证样液中待测化合物的响应值在标准曲线线性范围内。测得黄曲霉毒素 B_1、B_2、G_1、G_2 的峰面积,采用外标法通过上述标准曲线计算试样溶液中黄曲霉毒素 B_1、B_2、G_1、G_2 的含量。如果样液中待测化合物的浓度超过线性范围,则样品需要重新进行提取和净化,符合要求后才能再次进样分析。

（五）检测报告

标准曲线计算得到的试样中黄曲霉毒素 B_1、B_2、G_1、G_2 的含量,单位为微克每升($\mu g/L$);空白实验黄曲霉毒素 B_1、B_2、G_1、G_2 的含量,单位为微克每升($\mu g/L$);试样的最终定容体积,单位为毫升(mL);试样质量,单位为克(g);样品提取液总体积,单位为毫升(mL);移取样品滤液的体积,单位为毫升(mL);用于稀释滤液的稀释液体积,单位为毫升(mL);通过免疫亲和柱的稀释后样品提取液体积,单位为毫升(mL)。以上述量设计方程求解样品中黄曲霉毒素 B_1、B_2、G_1、G_2 的含量,单位为微克每千克($\mu g/kg$)。

精密度要求:在重复性条件下获得的两次独立测定结果的绝对差值不得超过算术平均值的 15%。

三、免疫层析法

（一）酶标记免疫层析法测定黄曲霉毒素 B_1

1. 实验原理

以酶作为载体,采用双抗夹心法的反应原理进行实验。试样中的黄曲霉毒素 B_1 使用 70% 甲醇溶液进行提取,将提取液过滤或离心后,进行稀释,将稀释液加入检测卡中,样品中黄曲霉毒素 B_1 会先与固相载体上的抗体结合,之后再与检测带上的酶标抗体结合,使检测带显色。通过检测带是否显色及显色时间长短来判定样品中黄曲霉毒素 B_1 的含量。

2. 试剂配制

70% 甲醇溶液:取 70 mL 甲醇加 30 mL 水混合。

磷酸盐缓冲液:分别准确称取磷酸氢二钠 1.42 g、氯化钠 8 g、氯化钾 0.2 g,加入 800 mL 水后充分搅拌,使各试剂溶解,之后加入浓盐酸,调整溶液 pH 值至 7.4,用水稀释定容到 1 L。

3. 分析步骤

扦样与分样。按超高效液相色谱法测定黄曲霉毒素 B_1、B_2、G_1、G_2 中的方法进行操作。

样品粉碎。将分取的待测样品用粉碎机粉碎,使粉碎后样品全部通过 20 目筛,充分混合均匀。

待测溶液制备。准确称取 10.0 g 粉碎后的样品,转入到离心管中,向其中加入 70% 甲醇溶液 20 mL。使用调速多用振荡器充分振荡提取 3~5 min,之后静止放置

3 min,用定量滤纸进行过滤或将提取液转入到 50 mL 离心管中,使用离心机以 5000 r/min 转速离心 5 min。之后吸取滤液或取离心后的上清液 50 μL 与常温下的磷酸盐缓冲液 100 μL 混合,得到待测溶液。

4. 测定

准确吸取 100 μL 待测溶液,加入检测卡的点样小孔中,立即开始计时,在 16 min 内分三次判读结果。在每次检测时,检测卡应保证出现质控色带,而质控色带显现应保证在加样后的 2 min 内。

5. 检测报告

当质控色带不显色时,此检测卡无效,需用新检测卡重新进行检测。当质控色带显色,但检测色带显色时间为不同时间,这说明样品中黄曲霉毒素 B_1 含量不同。检测色带在加样 4 min 后显色,则样品中黄曲霉毒素 B_1 含量约为 20 μg/kg;检测色带在加样 8 min 后显色,则样品中黄曲霉毒素 B_1 含量约为 10 μg/kg;检测色带在加样 16 min 后显色,样品中黄曲霉毒素 B_1 含量约为 4 μg/kg。

(二)胶体金免疫层析法

1. 实验原理

以酶作为载体,采用双抗夹心法的反应原理进行实验。试样中的黄曲霉毒素 B_1 使用乙酸乙酯进行提取,将提取液过滤或离心后,吹干,进行稀释,将稀释液加入检测卡中,样品中黄曲霉毒素 B_1 会与胶体金标记的特异性抗体结合,使检测带不显色。通过检测带是否显色来判定样品中黄曲霉毒素 B_1 的含量。

2. 试剂配制

70% 甲醇溶液、磷酸盐缓冲液配制同酶标记免疫层析法。

3. 分析步骤

扦样与分样、样品粉碎操作同酶标记免疫层析法。

待测溶液制备。准确称取 2.0 g 粉碎后的样品,转入到离心管中,向其中加入乙酸乙酯 8 mL、水 2 mL。使用调速多用振荡器充分振荡提取 3 ~ 5 min,之后使用离心机以 4 000 r/min 转速离心 1 min。吸取离心后的上清液 2 mL 转入到玻璃烧杯中,使用电吹风机将上清液吹干,用常温下的磷酸盐缓冲液 0.4 mL 复溶烧杯底的残留物,得到待测溶液。

当黄曲霉毒素 B_1 限量是 5 μg/kg 时,加入 0.4 mL 磷酸盐缓冲液复溶烧杯底的残留物;当黄曲霉毒素 B_1 限量是 10 μg/kg,则加 0.8 mL 磷酸盐缓冲液复溶烧杯底的残用物;当黄曲霉毒素 B_1 限量是 20 μg/kg,则加 1.6 mL 磷酸盐缓冲液复溶烧杯底的残留物。以此类推。

4. 测定

当质控色带不显色时,此检测卡无效,需用新检测卡重新进行检测。

将待测溶液 3~4 滴缓缓慢滴加到检测卡的加样小孔中,立即开始计时,在 5 min 后判读结果。

5. 检测报告

当质控色带显色,检测色带显色,判定为阴性,也就是在样品中不含黄曲霉毒素 B_1,或者样品中黄曲霉毒素 B_1 含量低于本次检测所设定的限量值。当质控色带显色,检测色带不显色或颜色非常模糊时,判定为阳性,也就是样品中黄曲霉毒素 B_1 含量高于本次检测所设定的限量值。

第三节　玉米赤霉烯酮的检验

一、液相色谱法

(一)实验原理

试样中的玉米赤霉烯酮使用乙腈进行提取,使用免疫亲和柱对其进行净化,之后用 C_{18} 液相色谱柱进行分离,高效液相色谱仪测定,使用荧光检测器进行检测,采用外标法定量分析。

(二)试剂配制

提取液:乙腈 - 水提取溶液,体积比为 9:1。

磷酸盐清洗缓冲液:准确称取氯化钠 8.0 g、磷酸氢二钠 1.2 g、磷酸二氢钾 0.2 g、氯化钾 0.2 g,将上述试剂用 990 mL 水溶解,使用盐酸溶液将 pH 值调节至 7.0,之后用水定容至 1 L。

磷酸盐缓冲液/吐温 - 20 缓冲液:准确称取氯化钠 8.0 g、磷酸氢二钠 1.2 g、磷酸二氢钾 0.2 g、氯化钾 0.2 g,将上述试剂用 990 mL 水溶解,使用盐酸溶液将 pH 值调节至 7.0,加入 1 mL 吐温 - 20,用水定容至 1 L。

100 μg/mL 标准储备液:准确称取适量标准品,精确到 0.000 1 g,用乙腈溶解后,配制成浓度为 100 μg/mL 标准储备液,将标准储备液放置于 - 18 ℃下避光进行保存。

(三)分析步骤

1. 提取

准确称取 40.0 g 粉碎的玉米试样,精确至 0.1 g,将玉米试样转入到均质杯中,向其中加入氯化钠 4 g、提取液 100 mL,使用均质器在高速搅拌的条件下提取 2 min,之后用定量滤纸进行过滤。然后移取滤液 10.0 mL 加入水 40 mL 稀释并混合均匀,用玻璃纤维滤纸过滤,直至滤液变为澄清状态,收集滤液备用。

2. 净化

在玻璃注射器下连接免疫亲和柱,准确吸取上述滤液 10.0 mL(相当于 0.8 g 样品),注入玻璃注射器中。将玻璃注射器与空气压力泵相连接,将压力调节到合适位置,以使溶液每秒 1~2 滴的流速,缓慢地流过免疫亲和柱,使其全部通过免疫亲和柱,直到有部分空气进入亲和柱中。先用水 5 mL 淋洗柱子 1 次,使其流速保持在每秒 1~2 滴,直到有部分空气进入亲和柱中,此时将全部流出液弃去。再准确吸取 1.5 mL 甲醇加入柱子中进行洗脱,使其流速保持在每秒 1 滴。之后将洗脱液收集,转入玻璃试管中,将洗脱液经氮气吹干,氮吹温度小于等于 55 ℃,将吹干后的残渣用流动相 1.0 mL 溶解,供液相色谱待测定。空白实验为不称取试样,按上述提取和净化步骤进行空白实验。注意:要保证在操作过程中无干扰待测组分的物质。

3. 测定

高效液相色谱测定时,色谱条件如下:色谱柱为 C_{18} 柱(柱长 150 mm,内径 4.6 mm,粒径 4 μm 或等效柱);柱温为室温;流动相为乙腈、水和甲醇,体积比为 46:46:8;流速为 1.0 mL/min;荧光检测器,检测波长激发波长为 274 nm,发射波长为 440 nm;进样量为 100 μL。

(四)标准曲线的制作及样品测定

首先制备系列标准工作液,根据需要准确吸取适量标准储备液,用体积比为 46:46:8 的乙腈 – 水 – 甲醇流动相进行稀释,配制成系列标准工作液,浓度分别为 10 ng/mL、50 ng/mL、100 ng/mL、200 ng/mL、500 ng/mL 。采用外标法进行定量。将玉米赤霉烯酮系列标准工作溶液按照浓度从小到大的顺序,依次注入高效液相色谱仪中,测定相应的峰面积。以玉米赤霉烯酮标准工作溶液的浓度为横坐标,相应的玉米赤霉烯酮峰面积为纵坐标绘制标准曲线,计算直线回归方程。

样品测定:试样液经高效液相色谱仪分析,测得玉米赤霉烯酮的峰面积,采用外标法通过上述标准曲线计算试样溶液中玉米赤霉烯酮的浓度。

（五）检测报告

以标准曲线计算得到的试样中玉米赤霉烯酮的浓度，单位为纳克每毫升（ng/mL）；试样的最终定容体积，单位为毫升（mL）；稀释倍数 F；试样质量，单位为克（g）。以上述量设计方程求解试样中玉米赤霉烯酮的含量，单位为微克每千克（μg/kg）。

精密度要求：在重复性条件下获得的两次独立测定结果的绝对差值不得超过算术平均值的15%。

二、荧光光度法

（一）实验原理

试样中的玉米赤霉烯酮使用乙腈进行提取，使用免疫亲和柱对其进行净化，加入氯化铝溶液进行衍生，得到的洗脱液通过荧光光度计进行测定。

（二）试剂配制

提取液：乙腈－水提取溶液，体积比为9:1。

磷酸盐缓冲液/吐温－20缓冲液：准确称取氯化钠8.0 g、磷酸氢二钠1.2 g、磷酸二氢钾0.2 g、氯化钾0.2 g，将上述试剂用990 mL水溶解，使用盐酸溶液将 pH 值调节至7.0，之后加入 1 mL 吐温－20，用水稀释定容至 1 L。

荧光光度计校准溶液：准确称取硫酸奎宁3.40 g，用 0.05 mol/L 硫酸溶液将其稀释至100 mL，此时该溶液在荧光光度计读数相当于0.45。

（三）分析步骤

1.提取

准确称取40.0 g 粉碎的玉米试样，精确至0.1 g，将玉米试样转入到均质杯中，向其中加入氯化钠4 g、提取液100 mL，使用均质器在高速搅拌的条件下提取1 min，之后用定量滤纸进行过滤。然后移取滤液 10.0mL 加入磷酸盐缓冲液/吐温－20缓冲液 40 mL 稀释并混合均匀，用玻璃纤维滤纸过滤，直至滤液变为澄清状态，收集滤液备用。

2.净化

在玻璃注射器下连接免疫亲和柱，准确吸取上述滤液 10.0 mL 注入玻璃注射器中。将玻璃注射器与空气压力泵相连接，将压力调节到合适位置，以使溶液以每秒 1~2 滴的流速，缓慢地流过免疫亲和柱，使其全部通过免疫亲和柱，直到有部分空气进入亲和柱中。

依次用磷酸盐/吐温-20缓冲液10 mL和水10 mL淋洗免疫亲和柱,使其流速保持在每秒1~2滴,直到有部分空气进入亲和柱中,此时将全部流出液弃去。再准确吸取1.0 mL甲醇加入柱子中进行洗脱,使其流速保持在每秒1滴。之后将洗脱液收集,转入玻璃试管中,将洗脱液经氮气吹干,氮吹温度小于或等于55 ℃,将吹干后的残渣用流动相1.0 mL溶解,供液相色谱待测定。空白实验为不称取试样,按上述提取和净化步骤进行空白实验。注意:要保证在操作过程中无干扰待测组分的物质。

(四)测定

荧光光度计的激发波长为360 nm,发射波长为450 nm。用0.05 mol/L硫酸溶液为空白调零,以荧光光度计校准溶液校准仪器。

样品测定:将上述经提取和净化后的样液,加入氯化铝衍生溶液1.0 mL,之后立即置于荧光光度计中读取玉米赤霉烯酮的浓度。

(五)检测报告

试样中玉米赤霉烯酮的浓度,单位为纳克每毫升(ng/mL);试样的最终定容体积,单位为毫升(mL);稀释倍数F;试样质量,单位为克(g)。以上述量设计方程求解试样中玉米赤霉烯酮的含量,单位为微克每千克(μg/kg);

精密度要求:在重复性条件下获得的两次独立测定结果的绝对差值不得超过算术平均值的15%。

三、胶体金快速定量法

(一)实验原理

试样中的玉米赤霉烯酮使用70%甲醇溶液进行提取,检测条中胶体金微粒会与提取液中的玉米赤霉烯酮发生呈色反应,试样中玉米赤霉烯酮含量与反应溶液颜色的深浅相关。利用读数仪测定检测条上检测线和质控线颜色深浅,根据反应溶液的颜色深浅,与读数仪内置的曲线自动计算出试样中玉米赤霉烯酮含量。

(二)试剂配制

稀释缓冲液:一般是来自玉米赤霉烯酮胶体金检测条,是配套提供;或根据产品使用说明书进行配制。

试样提取液:体积分数为70%的甲醇溶液。

（三）分析步骤

1. 扦样与分样

根据不同状态样品,可依据单位代表数量、散装扦样法、包装扦样法、流动粮食扦样法、零星收付粮食取样法、特殊目的样等对玉米样品进行取样;根据实际情况采用四分法或分样器法对样品进行分取。

2. 样品处理

准确称取 500 g 有代表性的样品,用粉碎机将样品粉碎直至全部都通过 20 目筛,混合均匀。准确称取粉碎后试样 10.00 g,转入到 100 mL 具塞锥形瓶中,向其中加入试样提取液 70% 甲醇溶液 20.0 mL,盖好磨砂玻璃塞,在密闭状态下,使用涡旋振荡器使具塞锥形瓶充分振荡 1~2 min,之后静置再用滤纸过滤,或者是吸取上述混合液 1.0~1.5 mL,转入到离心管中,使用离心机以 4 000 r/min 转速离心1 min。之后吸取滤液或取离心后的上清液 100 μL 转入到另一离心管中,向其中加入稀释缓冲液 1.0 mL,充分混匀后待测。若玉米赤霉烯酮胶体金快速定量检测条生产厂家在说明书中明确规定了所用的样品的处理方法,并且与本处理方法不同,应按照检测条使用说明中规定操作。

（四）测定

从 2~8 ℃冷藏状态下将胶体金检测条取出置于室温状态。孵育器预先预热至 45 ℃。在孵育器凹槽中平放检测条,之后打开加样孔,准确移取待测溶液300 μL,加入检测条的加样孔中,然后将加样孔关闭,孵育器盖关闭。在 45 ℃条件下孵育 5 min,取出观察检测条的显色情况,即质控线（C 线）和检测线（T 线）的变化。当下述三种情况中任一情况出现时,则均被认为是无效检测:C 线不出现;C 线出现,但弥散或严重不均匀;C 线出现,但 T_1 或 T_2 线弥散或严重不均匀。在读数仪上选择玉米赤霉烯酮检测频道,并将基质设定为 00（MATRIX 00）,开始进行样品测定,测定要求在 2 min 内完成,测定完毕读数仪会自动显示样品中玉米赤霉烯酮的含量。

当读数仪显示“+350^{ppb}”时,应重新操作,需准确移取待测溶液 300 μL,转入到离心管中,加入稀释缓冲液 1.0 mL,混合均匀后,按照上述相同操作进行测定,其中将基质设定为 01（MATRIX 01）。

（五）检测报告

由读数仪自动计算并显示出试样中玉米赤霉烯酮含量,单位为微克每千克（μg/kg）。

精密度要求:同一实验室、同一操作者使用相同的仪器,按相同的测定方法,在短时间内对同一被测试对象相互独立进行测试,获得的两次独立测试结果的绝对差值大于其算术平均值20%的情况不超过5%。

第四节　玉米赭曲霉毒素A的检验

一、免疫亲和层析净化液相色谱法

(一)实验原理

试样中的赭曲霉毒素A使用提取液进行提取,使用免疫亲和柱对其进行净化,之后用以 C_{18} 液相色谱柱进行分离,采用高效液相色谱结合荧光检测器测定赭曲霉毒素A的含量,采用外标法定量分析。

(二)试剂配制

提取液Ⅰ:甲醇与水混合溶液,体积比为80:20。

提取液Ⅱ:准确称取氯化钠150.0 g、碳酸氢钠20.0 g溶于950 mL水中,加水稀释并定容至1 L。

提取液Ⅲ:乙腈与水混合溶液,体积比为60:40。

冲洗液:准确称取氯化钠25.0 g、碳酸氢钠5.0 g溶于950 mL水中,加水稀释定容至1 L。

真菌毒素清洗缓冲液:准确称取氯化钠25.0 g、碳酸氢钠5.0 g溶于水中,向其中加入0.1 mL吐温20,用水稀释定容至1 L。

磷酸盐缓冲液:准确称取氯化钠8.0 g、磷酸氢钠1.2 g、磷酸二氢钾0.2 g、氯化钾0.2 g溶解于990 mL水中,用浓盐酸调节溶液pH值至7.0,用水稀释定容至1 L。

10 g/L碳酸氢钠溶液:准确称取碳酸氢钠1.0 g,用水溶解并稀释定容到100 mL。

淋洗缓冲液:在1 000 mL磷酸盐缓冲液中加入1.0 mL吐温20。

0.1 mg/mL赭曲霉毒素A标准储备液:准确称取一定量的赭曲霉毒素A标准品,用甲醇 - 乙腈(体积比为50:50)溶解,配成标准储备液,该标准储备液可在 -20 ℃条件下保存,保质期为90 d。

（三）分析步骤

将玉米样品用粉碎机全部粉碎,并通过孔径为 1 mm 的实验筛,混合均匀后备用。

1. 提取

提取方法 1。准确称取 25.0 g(精确到 0.1 g)试样,向其中加入提取液Ⅲ 100 mL,使用均质器在高速搅拌的条件下提取 3 min 或使用涡旋振荡器使样品充分振荡 30 min,之后用定量滤纸进行过滤。然后移取滤液 4.0 mL 至另一支离心管中,向其中再加入磷酸盐缓冲液 26 mL,混合均匀后,使用离心机以 8 000 r/min 转速离心 5 min。上清液作为滤液 A 备用。

提取方法 2。准确称取 25.0 g(精确到 0.1 g)试样,向其中加入提取液Ⅰ 100 mL,使用均质器在高速搅拌的条件下提取 3 min 或使用涡旋振荡器使样品充分振荡 30 min,之后用定量滤纸进行过滤。准确移取滤液 10.0 mL,再加入磷酸盐缓冲液 40 mL,混合均匀后,使用玻璃纤维滤纸过滤,收集滤液 B 置于洁净容器中,备用。

2. 净化

在玻璃注射器下连接免疫亲和柱,准确吸取提取方法 1 中全部滤液 A 或提取方法 2 中滤液 B 20 mL,注入玻璃注射器中。将玻璃注射器与空气压力泵相连接,将压力调节到合适位置,以使溶液以每秒 1 滴的流速,缓慢地流过免疫亲和柱,使其全部通过免疫亲和柱,直到有部分空气进入亲和柱中。依次用真菌毒素清洗缓冲液 10 mL 和水 10 mL 淋洗免疫亲和柱,使其流速保持在每秒 1~2 滴,直到有部分空气进入亲和柱中,此时将全部流出液弃去,抽干小柱。

3. 洗脱

准确吸取 1.5 mL 甲醇加入柱子中进行洗脱,再用柱子生产厂家推荐的洗脱液进行洗脱,使其流速保持在每秒 1 滴。之后将洗脱液收集,转入玻璃试管中,将洗脱液经氮气吹干,氮吹温度为 45 ℃,将吹干后的残渣用流动相溶解并定容到 500 μL,供液相色谱待测定。

空白实验为不称取试样,按上述提取、净化和洗脱步骤进行空白实验。注意:要保证在操作过程中无干扰待测组分的物质。

（四）标准曲线的制备及样品测定

1. 标准曲线的制备

配制赭曲霉毒素 A 标准工作液,根据使用需要,准确移取一定量的赭曲霉毒素

A 标准储备液,用体积比为 96∶102∶2 的乙腈 – 水 – 冰乙酸流动相进行稀释,配制成系列标准工作液,浓度分别为 1 ng/mL、5 ng/mL、10 ng/mL、20 ng/mL、50 ng/mL 的标准工作液,在 4 ℃条件下保存保质期为 7 d。

高效液相色谱测定时,色谱条件如下:色谱柱为 C_{18} 柱(柱长 150 mm,内径 4.6 mm,粒径 5 μm 或等效柱);柱温为 35 ℃;流动相为乙腈 – 水 – 冰乙酸,体积比为 96∶102∶2;流速为 1.0 mL/min;荧光检测器,检测波长激发波长为 333 nm,发射波长为 460 nm;进样量为 50 μL。

在上述色谱条件下,将赭曲霉毒素 A 标准工作溶液按照浓度从小到大的顺序,依次注入高效液相色谱仪中,测定相应的峰面积。以赭曲霉毒素 A 的浓度为横坐标,赭曲霉毒素 A 的峰面积积为纵坐标,进行最小二乘线性拟合,绘制标准曲线,计算直线回归方程。

2. 样品测定

试样液经高效液相色谱仪分析,测得赭曲霉毒素 A 的峰面积,采用外标法通过上述标准曲线计算试样溶液中赭曲霉毒素 A 的浓度。样液中待测物的响应值均应在仪器线性响应范围内,如果样品含量超过标准曲线范围,需稀释后再测定。

（五）检测报告

标准曲线计算得到的试样中赭曲霉毒素 A 的浓度,单位为纳克每毫升(ng/mL);试样的最终定容体积,单位为毫升(mL);稀释倍数 F;试样质量,单位为克(g)。以上述量设计方程求解试样中赭曲霉毒素 A 的含量,单位为微克每千克(μg/kg)。

精密度要求:在重复性条件下获得的两次独立测定结果的绝对差值不得超过算术平均值的 15%。

二、薄层色谱测定法

（一）实验原理

试样中的赭曲霉毒素 A 使用三氯甲烷 – 0.1 mol/L 磷酸或石油醚 – 甲醇 – 水进行提取,提取液经液 – 液分配后,在 365 nm 紫外光灯下产生黄绿色荧光,根据在薄层色谱板上的荧光强度,与标准比对,进而测定出赭曲霉毒素 A 的含量。

（二）试剂配制

体积比 99∶1 的苯 – 冰乙酸:准确移取 99 mL 苯和 1 mL 冰乙酸,混合均匀。

体积比 98∶2 的苯 – 乙腈:准确移取 98 mL 苯和 2 mL 乙腈,混合均匀。

碳酸氢钠 – 乙醇溶液:准确称取碳酸氢钠 6.0 g,用水溶解后定容至 100 mL,之后准确吸取乙醇 20 mL,混合均匀。

40 μg/mL 的赭曲霉毒素 A 标准储备液:准确称取一定量的赭曲霉毒素 A 标准品,用体积比 99∶1 的苯 - 冰乙酸溶解,配成浓度为 40 μg/mL 的标准储备液,使用紫外分光光度计在 333 nm 波长下测定其浓度。将赭曲霉毒素 A 标准储备液置于 -20 ℃条件下避光储藏,保质期为 90 d。

0.5 μg/mL 的赭曲霉毒素 A 标准工作液:准确吸取浓度为 40 μg/mL 的赭曲霉毒素 A 标准储备液,用苯稀释为 0.5 μg/mL 的标准工作液,将赭曲霉毒素 A 标准工作液置于 4 ℃条件下避光储藏,保质期为 7 d。

(三)分析步骤

称取 250.0 g 试样经粉碎并通过 20 目筛后,混匀后备用。

试样提取方法一。准确称取 20.0 g(精确到 0.01 g)试样,转入 200 mL 具塞锥形瓶中,向其中加入三氯甲烷 100 mL、0.1 mol/L 磷酸 10 mL,使用振荡器进行振荡提取,提取时间为 30 min,之后将提取液使用快速定性滤纸进行过滤;准确吸取上述滤液 20 mL 转入到 250 mL 分液漏斗中,向其中加入 0.1 mol/L 碳酸氢钠溶液 50 mL,充分振摇 2 min,待静置分层后,将三氯甲烷层放入到一个新的 100 mL 分液漏斗中,若三氯甲烷层有少量乳化层,或者全部为乳化层,均可以放入到新的分液漏斗中,再向其中加入 0.1 mol/L 碳酸氢钠溶液 50 mL,重复对三氯甲烷层进行提取,待静置分层,将三氯甲烷层弃除,若三氯甲烷层仍有乳化现象应弃除掉,并不会影响结果。

将碳酸氢钠的水层并入到第一个分液漏斗,即原分液漏斗中,向其中加入 2 mol/L 盐酸溶液 5.5 mL,调节溶液 pH 值为 2~3,再向其中加入三氯甲烷 25 mL,充分振摇 2 min,之后静置待分层后,将三氯甲烷层放出到另一个 250 mL 分液漏斗中,其中预先装有水 100 mL,而酸水层再使用三氯甲烷 10 mL 进行充分振摇、提取、静置,之后将三氯甲烷层并入同一分液漏斗中。经充分振摇后,待静置分层,使用脱脂棉将分液漏斗下端擦干,将三氯甲烷层放入到 75 mL 的蒸发皿中,将蒸发皿在通风条件下置于蒸汽浴上挥干,并用约 8 mL 三氯甲烷分几次将蒸发皿中的残渣溶解,然后将溶解液转入到 10 mL 具尾管的浓缩瓶中,将浓缩瓶在 80 ℃水浴锅上蒸汽加热,同时吹氮气进行浓缩。待干燥后,加入体积比 98∶2 的苯 - 乙腈 0.2 mL 溶解残渣,摇匀后,供薄层色谱点样用。

试样提取方法二。准确称取 20.0 g(精确到 0.01 g)试样,转入 200 mL 具塞锥形瓶中,向其中加入石油醚 30 mL、体积比为 55∶45 的甲醇 - 水溶液 100 mL,在具塞锥形瓶瓶塞上抹一层水盖严防漏。使用振荡器,进行振荡提取,提取时间为

30 min,之后将提取液使用快速定性滤纸进行过滤,待下层的甲醇水层分好,准确吸取上述滤液 20 mL 转入到 100 mL 分液漏斗中,调节溶液 pH 值为 5～6。向其中加入三氯甲烷 25 mL,充分振摇 2 min,待静置分层后,将三氯甲烷层放入到一个新的分液漏斗中,再用三氯甲烷 10 mL 重复振摇提取甲醇水层,若三氯甲烷层有乳化层,再向其中滴加甲醇促使其分层,将三氯甲烷层合并于同一分液漏斗中,加入氯化钠溶液 50 mL,经充分振摇后,静置分层,待三氯甲烷层澄清后,使用脱脂棉将分液漏斗下端擦干,将三氯甲烷层放入到 75 mL 的蒸发皿中,将蒸发皿在通风条件下置于蒸汽浴上挥干。用约 8 mL 三氯甲烷分几次将蒸发皿中的残渣溶解,然后将溶解液转入到 10 mL 具尾管的浓缩瓶中,将浓缩瓶在 80 ℃水浴锅上蒸汽加热,同时吹氮气进行浓缩,待干燥后加入体积比 98∶2 的苯－乙腈 0.2 mL 溶解残渣,摇匀后,供薄层色谱点样用。

(四)测定

1. 薄层板的制备

准确称量硅胶 G 4 g,转入到乳钵中,向其中加入约 10 mL 水,将其研磨成糊状,立即倒入涂布器内,制成三块 5 cm×20 cm、厚度为 0.3 mm 的薄层板,经空气干燥后,置于 105～110 ℃下活化 1 h,之后取出置于干燥器中保存。

2. 点样

取两块薄层板,用微量注射器在距薄层板下端 2.5 cm 处的基线位置上滴加两个点,一个点在距板左边缘 1.7 cm 处滴加 8 μL 赭曲霉毒素 A 标准工作液,另一个点在距板左边缘 2.5 cm 处滴加 25 μL 样液,在第二块板的样液点上滴加 8 μL 赭曲霉毒素 A 标准工作液。点样时应注意边滴加边用电吹风吹干,并使用冷热风交替操作。

3. 展开

横展剂为体积比 94∶5∶1 的乙醚或乙醚－甲醇－水;纵展剂分别为体积比 6∶3∶1.2∶0.06 的甲苯－乙酸乙酯－甲酸－水,体积比为 9∶1 的苯－冰乙酸。

横向展开时,向展开槽内倒入横展剂 10 mL,先将薄层板纵展至离原点 2～3 cm处,取出后通风,挥发溶剂 1～2 min 后,再将该薄层板靠标准点的长边置于同一展开槽内的溶剂中横展,若横展剂不够可适量添加,展至板端过 1 min,取出后通风放置,挥发溶剂 2～3 min。纵向展开时,在另一展开槽内倒入纵展剂10 mL,将经横展后的薄层板纵展至前沿距原点 13～15 cm 处。取出后通风放置,挥干至板面无酸味,需要 5～10 min。

4. 观察与评定

将薄层色谱板置于 365 nm 波长下紫外光灯观察。比较两板,若第二块板的样液点在赭曲霉毒素 A 标准点的相应处出现最低检出量,而在第一板相同位置上未出现荧光点,则试样中的赭曲霉毒素 A 含量在本测定方法的最低检测量为 10 μg/kg 以下。若第一板样液点在与第二板样液点相同位置上出现荧光点,则看第二板样液的荧光点是否与滴加的标准荧光点重叠,再进行以下的定量与确证实验。

5. 稀释定量

比较样液中赭曲霉毒素 A 与标准赭曲霉毒素 A 点的荧光强度,估计稀释倍数。薄层板经双向展开后,当阳性样品中赭曲霉毒素 A 含量高时,是由于在横展过程中原点上赭曲霉毒素 A 的量超过了硅胶的吸附能力,原点上的杂质和残留溶剂在横展中将赭曲霉毒素 A 点横向拉长,此时可根据赭曲霉毒素 A 黄绿色荧光的总强度与标准荧光强度比较,估计需减少的滴加微升数或所需稀释倍数。经稀释后测定含量时可在样液点的左边基线上滴加两个标准点,赭曲霉毒素 A 的量可为 4 ng、8 ng。比较样液与两个标准赭曲霉毒素 A 荧光点的荧光强度,概略定量。

6. 确证实验

用碳酸氢钠 - 乙醇溶液喷洒色谱板,室温下干燥,长波紫外光灯下观察,此时赭曲霉毒素 A 荧光点应由黄绿色变为蓝色,荧光强度有所增加,可使方法检出限达 5 μg/kg,但概略定量仍按喷洒前所显黄绿色荧光计。

(五)检测报告

薄层板上测得样液点上赭曲霉毒素 A 赭曲霉毒素 A 的量,单位为微克(μg);苯 - 乙腈混合液的体积,单位为毫升(mL);出现最低荧光点时滴加样液的体积,单位为毫升(mL);样液的总稀释倍数 F;试样质量,单位为克(g)。以上述量设计方程求解试样中赭曲霉毒素 A 的含量,单位为微克每千克(μg/kg)。

参 考 文 献

[1] 李浩川. 不同生态条件下玉米籽粒蛋白和赖氨酸含量及主要农艺性状的遗传研究[D]. 郑州:河南农业大学,2007.

[2] 王学永. 高赖氨酸转基因玉米植株的再生与检测[D]. 武汉:华中农业大学, 2012.

[3] 翟少伟. 优质蛋白玉米在产蛋鸡日粮中的营养价值及其应用[D]. 咸阳:西北农林科技大学,2002.

[4] 孙汉巨. 食品分析与检测实验[M]. 合肥:合肥工业大学出版社,2016.

[5] 中华人民共和国国家质量监督检验检疫总局,中国国家标准化管理委员会. 粮油检验 一般规则:GB/T 5490—2010[S]. 北京:中国标准出版社,2010.

[6] 国家食品药品监督管理总局,国家卫生和计划生育委员会. 食品安全国家标准 食品中蛋白质的测定:GB 5009.5—2016[S]. 北京:中国标准出版社,2016.

[7] 任锐. 高淀粉玉米杂交组合的筛选及其亲本的系统评价[D]. 呼和浩特:内蒙古农业大学,2013.

[8] 秦大鹏. 高淀粉玉米籽粒淀粉积累的生理生化机制[D]. 泰安:山东农业大学,2008.

[9] 孙海涛. 即食玉米物性学评价体系的研究[D]. 长春:吉林农业大学,2011.

[10] 国家标准局. 粮食、油料检验 扦样、分样法:GB/T 5491—1985[S]. 北京:中国标准出版社,1985.

[11] 中华人民共和国国家质量监督检验检疫总局,中国国家标准化管理委员会.粮油检验 容重测定:GB/T 5498—2013[S]. 北京:中国标准出版社,2013.

[12] 国家卫生和计划生育委员会,国家食品药品监督管理总局.食品安全国家标准 食品中淀粉的测定:GB 5009.9—2016[S]. 北京:中国标准出版社,2016.

[13] 黄勇. 高油玉米品质形成及调控技术研究[D]. 郑州:河南农业大学,2006.

[14] 蔡巨广. 高油玉米主要性状与含油率的研究[D]. 南宁:广西大学,2004.

［15］　李颖. 高油玉米主要性状主基因＋多基因遗传分析［D］. 长春：吉林农业大学，2011.

［16］　中华人民共和国国家质量监督检验检疫总局，中国国家标准化管理委员会. 粮油检验 类型及互混检验：GB/T 5493—2008［S］. 北京：中国标准出版社，2008.

［17］　国家食品药品监督管理总局，国家卫生和计划生育委员会. 食品安全国家标准 食品中脂肪的测定：GB 5009.6—2016［S］. 北京：中国标准出版社，2016.

［18］　国家卫生和计划生育委员会，国家食品药品监督管理总局. 食品安全国家标准 食品中脂肪酸的测定：GB 5009.168—2016［S］. 北京：中国标准出版社，2016.

［19］　夏涵超. 超甜型甜玉米优良品种筛选及其栽培技术研究［D］. 长春：吉林农业大学，2020.

［20］　刘丰源. 高叶酸甜玉米种质资源筛选及其产品开发［D］. 广州：华南理工大学，2018.

［21］　中华人民共和国国家质量监督检验检疫总局，中国国家标准化管理委员会. 粮油检验 粮食、油料的色泽、气味、口味鉴定：GB/T 5492—2008［S］. 北京：中国标准出版社，2008.

［22］　国家市场监督管理总局，中国国家标准化管理委员会. 粮油检验 谷物、豆类中可溶性糖的测定 铜还原－碘量法：GB/T 37493—2019［S］. 北京：中国标准出版社，2019.

［23］　罗永华. 即食糯玉米的保鲜加工与贮藏关键技术研究［D］. 北京：中国农业科学院，2010.

［24］　王芳芳. 鲜食糯玉米鲜果穗生长规律及其采后生理研究［D］. 天津：天津农学院，2011.

［25］　国家粮食局. 粮油检验 粮食水分测定 水浸悬浮法：LS/T 6103—2010［S］. 北京：中国标准出版社，2010.

［26］　中华人民共和国农业农村部. 专用籽粒玉米和鲜食玉米：NY/T 523—2020［S］. 北京：中国农业出版社，2020.

［27］　杨敏. 紫玉米花青素的提取纯化及稳定性研究［D］. 青岛：中国海洋大学，2015.

［28］　史海英. 紫玉米花色苷的稳定性和抗辐射损伤作用的研究［D］. 天津：天津

科技大学,2017.

[29] 马越. 紫玉米花色苷提取纯化性质研究及中试生产[D]. 北京:中国农业科学院,2009.

[30] 国家市场监督管理总局,中国国家标准化管理委员会.粮油检验 粮食、油料的杂质、不完善粒检验:GB/T 5494—2019[S]. 北京:中国标准出版社,2019.

[31] 中华人民共和国农业部.植物源性食品中花青素的测定 高效液相色谱法:NY/T 2640—2014[S].北京:中国标准出版社,2014.

[32] 中华人民共和国卫生部,中国国家标准化管理委员会.保健食品中前花青素的测定:GB/T 22244—2008[S]. 北京:中国标准出版社,2008.

[33] 邓金阳. 爆裂玉米爆裂性状遗传研究及杂种优势利用[D]. 长春:吉林农业大学,2019

[34] 王宇琪. 爆裂玉米的膨爆倍数及主要性状的遗传研究[D]. 长春:吉林农业大学,2020

[35] 中华人民共和国国家卫生和计划生育委员会.食品安全国家标准 食品中膳食纤维的测定:GB 5009.88—2014[S]. 北京:中国标准出版社,2014.

[36] 朱志妍. 鲜食玉米种质遗传多样性分析与品质评价[D]. 昆明:云南大学,2019.

[37] 方志军. 鲜食玉米穗采收后保鲜技术研究[D]. 泰安:山东农业大学,2008.

[38] 中华人民共和国国家卫生和计划生育委员会.食品安全国家标准 食品微生物学检验 霉菌和酵母计数:GB 4789.15—2016[S]. 北京:中国标准出版社,2016.

[39] 中华人民共和国国家质量监督检验检疫总局,中国国家标准化管理委员会.粮油检验 粮食、油料脂肪酸值测定:GB/T 5510—2011[S]. 北京:中国标准出版社,2011.

[40] 国家市场监督管理总局,中国国家标准化管理委员会.玉米:GB 1353—2018[S].北京:中国标准出版社,2018.

[41] 中华人民共和国国家卫生和计划生育委员会,国家食品药品监督管理总局.食品安全国家标准 食品中维生素 A、D、E 的测定:GB 5009.82—2016[S]. 北京:中国标准出版社,2016.

[42] 中华人民共和国国家卫生和计划生育委员会.食品安全国家标准 食品中维生素 B_1 的测定:GB 5009.84—2016[S]. 北京:中国标准出版社,2016.

［43］ 李奕霏. 耐热玉米赤霉烯酮降解菌的筛选及解毒特性研究［D］. 北京：中国农业科学院,2021.

［44］ 梁丹丹. 三种植物精油抑制玉米中黄曲霉生长及产毒研究［D］. 北京：中国农业科学院,2015.

［45］ 李军. 同时检测黄曲霉毒素、赭曲霉毒素 A 和玉米赤霉烯酮的方法研究［D］. 北京：中国农业科学院,2011.

［46］ 中华人民共和国国家卫生和计划生育委员会,国家食品药品监督管理总局. 食品安全国家标准 食品中赭曲霉毒素 A 的测定：GB 5009. 96—2016［S］. 北京：中国标准出版社,2016.

［47］ 中华人民共和国国家卫生和计划生育委员会,国家食品药品监督管理总局. 食品安全国家标准 食品中玉米赤霉烯酮的测定：GB 5009. 209—2016［S］. 北京：中国标准出版社,2016.

［48］ 中华人民共和国国家卫生和计划生育委员会,国家食品药品监督管理总局. 食品安全国家标准 食品中黄曲霉毒素污染控制规范：GB 31653—2021［S］. 北京：中国标准出版社,2021.

［49］ 国家粮食局. 粮油检验 谷物中黄曲霉毒素 B_1 的快速测定 免疫层析法：LS/T 6108—2014［S］. 北京：中国标准出版社,2014.

［50］ 国家粮食局. 粮油检验 粮食中玉米赤霉烯酮测定 胶体金快速定量法：LS/T 6112—2015［S］. 北京：中国标准出版社,2015.

［51］ 国家粮食局. 粮油检验 粮食中黄曲霉毒素 B_1、B_2、G_1、G_2 的测定 超高效液相色谱法：LS/T 6128—2017［S］. 北京：中国标准出版社,2017.